计算机应用技术与课程建设研究

葛召华　金　涛　边海龙　著

西北工业大学出版社

西　安

【内容简介】 计算机是信息技术的基础，应用广泛，发展迅速，几乎所有高等学校都开设有计算机专业，但当前计算机专业的教学存在目标定位不清晰、课程体系不完善、项目实践缺乏等问题，不利于应用型技术人才的培养。本书介绍了计算机应用技术的发展及应用，并从计算机专业教学的现状和改革的角度，以及课程改革建设和校企合作方面具体论述了改革的经验，以期实现计算机专业教学各方面的提升。本书深入探讨了现代信息技术与计算机基础教学的深度融合，对大学计算机基础教育教学深化改革与创新有一定的推动。本书围绕面向新时代的计算机基础类课程体系建设、课程协同创新、实验教学改革和教学资源共享等方面进行了论述，对公共计算机教学改革进行了探讨，重点论述了利用优质慕课课程、面向学科深度融合、增强教育效果、提高教育效率的教学改革方法。

本书能为计算机应用技术专业教师的教学和学生的学习提供帮助，还能为对计算机技术感兴趣的人员提供有价值的参考。

图书在版编目(CIP)数据

计算机应用技术与课程建设研究 / 葛召华，金涛，边海龙著. — 西安 ：西北工业大学出版社，2022.12

ISBN 978-7-5612-8582-4

Ⅰ. ①计… Ⅱ. ①葛… ②金… ③边… Ⅲ. ①电子计算机-教学研究-高等学校 Ⅳ. ①TP3-42

中国版本图书馆 CIP 数据核字(2022)第 234282 号

JISUANJI YINGYONG JISHU YU KECHENG JIANSHE YANJIU

计 算 机 应 用 技 术 与 课 程 建 设 研 究

葛召华 金涛 边海龙 著

责任编辑：高茸茸　　策划编辑：张　晖

责任校对：朱辰浩　　装帧设计：董晓伟

出版发行：西北工业大学出版社

通信地址：西安市友谊西路 127 号　　邮编：710072

电　　话：(029)88491757，88493844

网　　址：www.nwpup.com

印 刷 者：西安五星印刷有限公司

开　　本：787 mm×1 092 mm　　1/16

印　　张：10

字　　数：243 千字

版　　次：2022 年 12 月第 1 版　　2022 年 12 月第 1 次印刷

书　　号：ISBN 978-7-5612-8582-4

定　　价：58.00 元

前　　言

计算机基础教育是培养学生信息素养、普及计算机知识、推广计算机应用的重要途径。随着国民经济的高速发展及计算机应用的广泛深入，学生对计算机知识的要求也在逐步提高。现阶段计算机教育正面临着新的挑战。长期以来，多数计算机基础课程沿用传统的教学方式，缺乏创新意识，使得学生对这一课程缺乏足够的兴趣和重视。为了解决这一问题，使学生可以正确利用计算机解决生活和学习中遇到的问题，笔者对计算机基础课程改革思路与教学优化进行了研究。随着5G(第5代移动通信技术)的发展，上网用户数量急剧增加，计算机网络已深入人心，有关计算机网络的问题，不再只是专业人士的议题，现在也是大众关心的热门话题。因此，计算机网络技术成为越来越多非计算机专业大学生需要学习的一门课程。

计算机基础是大学新生入学以后所接触的第一门计算机学科课程，对于引导学生深入了解计算机常识、熟悉计算机应用、培养计算思维、助力专业技能教育以及衔接后续信息技术课程等均具有非常重要的意义。为进一步推动高等学校计算机基础教育的发展，教育部高等学校大学计算机课程教学指导委员会发布了《大学计算机基础课程教学基本要求》(简称《基本要求》)。《基本要求》提出了“宽专融”的课程体系，它也将“大学计算机”这门通识型课程设置为必修课程。

计算机科学与技术发展迅速，新的软硬件技术层出不穷，现代计算机系统日益呈现出整体规模增长迅速、子系统数量增长迅速、系统内外关联和交互复杂化的趋势。这就要求计算机专业的技术人才必须从整个系统的角度来进行系统级的研究与设计，同时具有综合运用计算机知识和工程实施的能力，并能够不断地进行知识、技术的更新，从而实现系统的平衡性。新的要求改变了计算机研发和工程实践的模式，社会对人才的需求也发生了巨大的变化，给计算机专业的教学带来了前所未有的挑战。国内大学的计算机专业经过多年的建设，专业课程体系已经较为完备，课程内容相对成熟，但还存在一些问题，主要是：①开展专业课程建设时，各个课程独立规划和实施，课程之间缺少相关性，知识体系缺乏系统性；②理论性教学内容较多，实践尤其是工程性强的综合性实践较少，甚至没有；③实验实践的课程内容较少，系统层面的复杂问题难以呈现和解决。因此，大学计算机专业的建设必然面对的问题就是如何改变当前的局面，形成系统性的专业内容、连贯性的课程体系、综合性的实验实践，从而激发学生学习的兴趣，培养学生实践的能力。

从系统能力培养的目标可见，要开展面向系统能力培养的大学计算机专业建设，不能仅限于课程本身的建设，更要着眼于整个计算机专业的综合改革和持续建设。这是完成课程建设后的必然工作，也是面向系统能力培养的计算机专业建设的必然趋势。本书以大学计算机专业的教学研究与课程建设为依托，以“软硬件贯穿教学”为理念，探讨以下问题：①通过知识点网络构建专业层面上的知识体系，改变既有的计算机专业整体上的知识点依附于课程，缺少关联性、系统性的问题；②探讨课程群的课程体系结构，打通与系统相关的核心课程之间的关系，以及核心课程与基础课程、扩展课程之间的关系，使得学生能够深入理解计算机系统并掌握计算机系统的软硬件知识。

计算机应用能力是当代社会中不可或缺的部分，计算机基础课程质量的好坏将直接影响广大学生的学习效果，因此，计算机基础课程改革与教学优化是现阶段亟待解决的问题。

本书由山东省水利综合事业服务中心葛召华、齐齐哈尔大学金涛、中国石油集团钻井工程技术研究院有限公司边海龙共同撰写，具体分工如下：葛召华撰写第六章～第八章，金涛撰写第一章，边海龙撰写第二章～第五章。

在撰写本书的过程中，笔者参考和借鉴了国内外相关专著、论文等理论研究成果，在此，向其作者致以诚挚的谢意。

由于水平有限，书中不足之处在所难免，恳请专家、读者批评指正。

著　者

2022 年 8 月

目　　录

第一章 计算机教育的相关定义

强化社会实践环节，就应该强调与企业合作办学、开放办学。大学可以与企业开展人才的联合培养，共同探索人才培养模式。一体化学习是学生在学习专业知识的同时，学习并实践个人能力、人际交往能力和工程能力，从而养成积极、主动的情感态度。

第一节 计算机基础教育

计算机是信息技术的基础，应用广泛，发展迅速，几乎所有高等学校都开设有计算机专业。

各类高等学校的人才培养目标定位不同，部属重点大学主要培养研究型人才，省属大学和独立学院主要培养应用型人才，职业技术学院则主要培养应用型技术人才。

研究型人才要求计算机类专业基础知识扎实，毕业后具有从事理论研究与工程应用的能力。应用型人才以工程应用见长，能将计算机科学技术应用于不同的学科领域，进行应用项目设计与开发。技术型人才要求熟练掌握计算机应用技术与开发工具，毕业后能从事计算机应用方面的技术工作。笔者认为，三种人才的培养没有严格的区分，职业技术学院也应培养应用型技术人才。

一、计算机类专业人才培养目标

职业院校要在市场竞争中长期存在下去，最重要的挑战就是要在人才培养目标上找准自己的定位，办出自己的特色，保证学生毕业后能够充分就业。为此，我们对计算机专业人才培养目标进行了如下定位。

(1)素质：德智体美全面发展，综合素质较好。

(2)知识结构：系统掌握计算机专业基本理论知识，不要求掌握得很深，但要够用。

(3)能力：熟练掌握计算机某个专业方向的基本理论知识和主流应用技术，具有较强的工程应用和实践能力。

第(1)条保证学生的综合素质。第(2)条保证学生向上迁升(如考研)和横向迁移(如从一个专业方向转向另一个专业方向)的能力。第(3)条体现办学特色，保证学生的就业竞争能力。为实现以上目标，必须根据经济社会发展对计算机类专业人才的需要，认真规划专业结构、课程体系，创新人才培养模式。

二、计算机类专业规划与人才培养方案

专业规划是指根据人才培养总体目标定位，设计并规划本专业具体的人才培养目标和专业方向，制定人才培养方案。现有的专业面太宽，在三年时间内要学到样样精通是不可能的，必须进行合理的取舍。制定专业规划应遵循以下原则：

一是根据社会经济发展需要制定专业规划。有的专业看似招生很火爆，但很可能几年后人才市场就会饱和，面临毕业就失业的压力。计算机专业是信息技术的基础核心专业，人才需求是长期的，专业规划时应该把握人才需求趋势。根据我们的调查研究，网络工程、嵌入式技术、软件设计与开发、数字媒体技术是未来应用型人才的需求热点。

二是根据学校的专业基础和办学条件制定专业规划。专业基础是指开办类似相关专业的经验、师资力量和实验仪器设备等。如果有，办起来相对容易；如果一切需要从头开始，就很困难。设置新的专业方向也一样。由于我们培养的是具有较强的工程应用和实践能力的人才，需要学校投入大量资金建立实验室和实训基地，动辄就需要上百万，没有场地、资金、人力是不行的。

职业技术教育是分方向的，学生不再像以前那样什么都学一点、一样也不精通，而是在校期间集中精力学习一个专业领域，熟练掌握该专业领域的主流应用技术并接受良好的职业技术训练，做到能动手实践、会独立解决应用问题。这样，学生毕业时就很容易找到工作。

三、当前大学计算机基础教学面临的问题和任务

通过对部分高校 2017 年入学新生的计算机水平的调查发现：大学新生入学时所具备的计算机知识差异性很大，来自经济相对发达地区的学生多数对计算机都有一定了解，但认知及技能水平差异很大、参差不齐；而来自一些经济及教育都欠发达地区的学生对计算机的了解相对较少，有的甚至根本就没有接触过计算机。这就导致了大学新生的整体计算机水平严重失衡。进一步分析得知，在具备一定计算机技能的学生中，在大学前所掌握的计算机技能多数仅限于网络的初步应用（如上网收发邮件、聊天及玩游戏），但计算机基础知识仍未达到大学计算机基础教学的目标。随着中小学信息技术教育的普及，大学计算机基础教育中计算机文化认识层面的教学内容将会逐步下移到中小学，但由于各地区发展的不平衡，在今后相当长的一段时间内，大学新生入学的计算机水平将会呈现出更大的差异。这使得高校面向大学新生的计算机基础课程教学面临严峻的挑战，既要维持良好的教学秩序，又要照顾到学生的学习积极性，还要保障良好的教学质量和教学效果，这就要求高校在计算机基础教学工作中大胆创新，不断改革教学内容和方法，以及提高教师自身的业务素质。

社会信息化不断向纵深发展，各行各业的信息化进程不断加速。电子商务、电子政务、数字化校园、数字化图书馆等已走进我们的生活。社会各行业对大学生人才的计算机技能素质要求有增无减，计算机能力已成为衡量大学毕业生业务素质的重要指标之一。大学计算机教育应贯穿于整个大学教育。教育部高等学校计算机科学与技术教学指导委员会相继出台了《关于进一步加强高等学校计算机基础教学的意见暨计算机基础课程教学基本要求（试行）》和《高等学校文科类专业大学计算机教学基本要求（2011 年版）》（蓝皮书），提出了

新形势下大学生的计算机知识结构和应用计算机的能力要求，以及大学计算机基础教育应该由操作技能转向信息技术的基本理论知识和运用信息技术处理实际问题的基本思维和规律。随着全国计算机等级考试的不断深入，计算机等级证书已经成为各行业对人才计算机能力评判的基本标准之一，这是因为全国计算机等级考试能够较全面地考查和衡量一个人的计算机能力和水平。因此，大学计算机基础教学的改革应以提高学生的计算机能力水平、使学生具备计算机应用能力为目标，具体到教学工作中，可依照全国计算机等级考试的要求，合理地在不同专业、不同层次的学生中间广泛开展计算机基础教育。

四、人才培养模式研究与实践

人才培养模式是为实现培养目标而采取的培养过程的构造样式和运行方式，主要包括专业设置、课程模式、教学设计和教学方法等构成要素。高职院校计算机类专业的人才培养模式应该是：在保证专业基础核心课程学习的基础上，按职业岗位群规划和设置专业方向；将专业教育与职业技术教育相结合，实现“专业教育—职业技术培训—就业”。

这种人才培养模式的现实原因在于：信息技术（IT）行业需要大量的有 2～3 年实践工作经验的计算机专业人才，却招聘不到合适的人才；我国高等院校每年有数十万计算机专业大学生毕业，却找不到工作。导致这种现象的关键原因在于刚毕业的大学生不具备企业岗位需求（2～3 年的实践工作经验）。于是，社会上就应运而生了一大批 IT 职业技术培训机构，它们专门培训刚毕业的大学生，并为他们推荐就业。

为学生提供职业技术培训并安排所有学生就业，这对学校来说是不可能的（不是不愿做，而是做不到）。这主要是因为：①学校缺乏知识和能力结构与时俱进的“双师型”教师；②学校没有如职业技术培训机构那样广泛的就业渠道。大多数学生要想在 IT 行业中找到理想的工作岗位，只有参加社会培训机构的职业技术培训。

若学生在校期间参加社会上的职业技术培训，不仅花钱多，而且由于培训时间与学校上课时间冲突，经常会出现逃课现象，导致他们专业课程不及格。因此，学校主动与职业技术培训机构合作，是一种不错的选择。

（一）课程体系设计

课程体系是人才培养目标的具体体现，是保证人才培养目标的基础，也是教育者对学生学习的要求和期待的反映，必须仔细设计。

我们的做法是，首先从人才的社会需求分析调查和职业岗位群分析入手，分解出哪些是从事岗位群工作所需的综合能力与相关的专项能力，然后对理论教学和实践教学与专业基础核心课程进行融合，最后构建出一个完整的课程体系。

构建课程体系时，一要保证专业基础理论的系统性、完整性，既照顾到大多数学生毕业后即去就业的现实情况，基础理论不能过深、过精，又照顾到少数学生考研的需要，适当开设专业选修课。二要同时构建专业技术理论、实践教学体系，将专业课程与职业技术培训课程有机融合，让学生在学习专业技术课程时尽量把技术基础打扎实，这样可以缩短职业技术培训的时间，增强培训效果，降低培训费用。

综上所述，学校在制定人才培养方案和课程教学大纲时，可以与职业培训机构紧密合作，协商解决专业技术课程与职业技术培训课程的衔接问题。

(二)建立实践教学体系

实践教学的目的是优化学生的素质结构、能力结构和知识结构，让其具备获取知识、应用知识的能力和创新能力。计算机类专业是实践性很强的专业，离开了实践，学生将一事无成。

过去的实践教学大多是以课程为中心而设计的。有的课程有上机实验，有的没有，而且实验内容大多是验证性的，并且停留在实验室阶段，很少有人关注这些实验的实际用途。因此，实验做过后也就忘了。更何况，有些实验课因为设备不足、上机时间不够，导致学生往往不能把一个实验从头到尾做完整，其实际效果就更差。

一个完整的实践教学体系，必须保证有足够的设备和足够的学习时间，使学生受到完整和充分的训练，能够完全熟练地掌握核心技术和技能并能综合应用。实践教学分为以下五种类型：

第一类是课程实验，一般不少于该课程学时的1/3，主要帮助学生理解和消化课程内容，掌握相关技术的使用方法和步骤。

第二类是分阶段安排的专题实践，一个学期安排一次，每次集中一周的时间，要求学生在指定的实验环境下，独立完成指定科目的一个专题项目。

第三类是集中教学实习，实习时间为两周，请企业兼职教师来学校授课，按照企业用人方式和要求培训学生，指导学生在其选报的专业领域内完成一个小型项目的设计与开发，使学生体验企业环境和职业要求。

第四类是大型综合课程设计或职业技术培训，其目的是按照职业岗位培训的要求培训学生，让学生在教师的指导下合作完成一个较大型工程项目的全过程实践。大型综合课程设计和职业技术培训分开进行。职业技术培训安排在集中教学实习的后面，培训时间大约为三个月，利用暑假和开学后的一个月时间进行，培训结束后由培训机构安排学生工作。因为培训需要学生自己支付培训费，所以要求学生采取自愿的原则。

第五类是毕业设计，要求学生综合应用所学专业知识和技术，独立完成一个自选或指定项目的设计，培养学生的创新能力。

(三)建立校企联合实训基地，合作开展职业技术培训

将职业技术培训引进学校，在校内建立联合实训基地，共同对学生进行职业技术培训，这是学校为学生提供项目实践经验、保证学生充分就业的最佳途径，其益处如下：

(1)大大降低培训费用，让大多数学生都能参加，减轻了学生的就业压力；

(2)就地培训免除了学生在外租房及交通的费用；

(3)培训与专业课教学相结合，可使学生做到上课与培训两不耽误；

(4)教师参与职业技术培训，使教师也受到了职业技术训练，不仅使教师变成了“双师型”教师，而且对课程建设和课堂教学改进也大有好处。

一个人才培养方案和培养模式的确立需要通过实践来检验，并在实践中不断进行修改

和调整。这就需要学校与学校之间多进行交流，不断改进和完善培养方案，创新人才培养模式，为国家和社会培养更多的符合市场需要的应用型技术人才。

第二节 计算机网络课程教育

随着现代社会的发展，计算机网络得到了广泛应用，已经深入社会生活的各个领域，产生了深远影响。社会各行业对网络管理、网络建设、网络应用技术及开发的人才需求越来越大。在这种形势下，高校为社会培养大量理论基础扎实、实践能力强的网络技术人才显得尤为迫切。“计算机网络”作为计算机相关专业学生必修的核心课程之一，在整个学科中有着重要的地位。计算机网络是计算机技术和通信技术的交叉学科，涉及大量错综复杂的新概念和新技术，在教学中常常存在教学目标定位不清晰、教学内容与主流技术脱节、实验环节薄弱等问题，因此教学改革十分必要。其他高校在计算机网络教学改革中取得的成果和经验总结如下。

一、明确教学目标定位

教学目标的正确定位是教学改革行之有效的前提和保障，即明确教学是为培养什么类型的人才而服务的。计算机网络的教学目标大致可分为三个层次：网络基本应用、网络管理员或网络工程师、网络相关科学研究。其中，网络基本应用目标要求掌握计算机网络的基础知识，在生活、学习和工作中可熟练利用各种网络资源，如浏览新闻、收发电子邮件和查找资料等；网络管理员或网络工程师目标要求掌握网络集成、网络管理、网络安全、网络编程等知识和技能，并对其中一项或若干项有所专长，可以胜任如网络规划设计、网络管理与维护、架设各种服务器和网络软硬件产品的开发等工作；网络相关科学研究目标要求具备深厚的网络及相关学科的理论基础，今后主要从事科研和深层次开发工作。第一层次是现代社会人才都应该具备的，不需要系统的理论知识，适当培训甚至自学就可达到。第二、三层次则需要具备较好的理论基础知识，主要针对高等院校计算机专业大学生。计算机专业教育的目的是在培养、加强专业基础教育的同时，注重对学生的技能培养，培养适应现代化建设需要的、基础扎实、知识面宽、能力强、素质高、可以直接解决实际问题并具有创新精神和责任意识的高级应用型人才。因此，计算机专业的计算机网络教学应以第二、三层次为主要目标。目标定位明确以后，具体措施就该围绕目标展开。

二、优化课程结构、更新充实教学内容

首先，应该根据现代网络技术的发展状况和市场需求，不断修订教学大纲和充实新的教学内容。大纲的制定应为课程教学目标服务。计算机网络技术经过多年的发展，已经形成了自身比较完善的知识体系，基础理论知识已经比较成熟，在选择和确定教学内容时，应兼顾基础知识与新兴技术。如当今网络体系结构的工业标准是传输控制协议/互联网协议(Transmission Control Protocol/Internet Protocol，TCP/IP)，而开放系统互连(Open System Interconnection，OSI)参考模型只需要介绍其特点和对学习网络体系结构的意义即

可。再比如X.25、帧中继等目前已基本淘汰的技术，可在教学中一带而过，而适当增加光纤分布式数据接口(Fiber Distributed Data Interface，FDDI)、无线局域网、网络管理和网络安全等当前热门的技术内容。其次，要注重教材建设，根据教学内容为学生选择一本合适的教材。教师可以自行编写教材，也可以选择已出版的优秀教材。

三、校企合作构建网络教学平台

根据网络教学设计流程框图，有关学者自主设计了基于网络教学评价策略的工作过程导向"计算机组网与管理"网络教学平台。

该网络教学平台主要分为公有栏目和教学平台两个部分。公有栏目是课程的相关介绍部分，教学平台是实施基于工作过程导向的教学园区。在网络学习环境不同的学习情境阶段，学习序列和媒体差异已经不明显，教学媒体依据评价策略，通过对基于资源的教学策略和基于案例学习的教学策略进行整合，采用资讯、决策、计划、实施、检查、评价六步法进行教学，对每个学习情境进行单独的形成性或总结性评价，同时，该评价又是下一个学习情境的诊断性评价。

学习结束采用某信息技术有限公司(一家专业从事信息技术教育解决方案研究、教育考试产品开发，为在校学生、行业企业在职人员提供主流IT应用技能教育服务及职业能力测评服务的技术型企业)为企业定制的评测模型，由仿真评测系统抽取符合需求的模拟场景，通过记录被测试人员在此模拟场景中的实际操作，进而对其进行分析能力、基础知识、技术应用水平和应急处理能力4个方面的总结性评价。

传统的教学评价都是由学校教师统一负责的，他们既扮演运动员的角色，又扮演裁判员的角色，而对校企合作进行评价，能够真实地发现教学过程中的缺失，它既是教学的总结性评价，也是教学的诊断性评价或形成性评价，可以促使教学内容更贴近生产第一线，且评价的结果可以直接为企业服务。

四、改善教学方法与手段

先进、科学的教学方法与手段能激发学生的学习兴趣，并收到良好的教学效果。根据教学内容和目标，可将多种教学方法和手段合理运用于教学活动中。

(一)充分利用多媒体优势

多媒体技术集图像、文字、动画于一体，图文并茂、形式多样、使用灵活、信息量大。教师应利用一切资源，精心制作多媒体课件。利用多媒体动画可将抽象、复杂的教学内容和工作原理以直观、形象的方式演示出来。例如，可将数据在各层的封装和解封、CSMA/CD(带冲突检测的载波监听多路访问)工作原理、TCP三次握手等抽象内容制作成多媒体课件演示出来，这样做既生动、形象，又易于理解和掌握。

(二)利用各种工具软件辅助教学

网络体系结构中的各层协议是计算机网络课程中的重难点内容。了解和掌握各层协议数据单元(Protocol Data Unit，PDU)的格式和字段内容十分重要，如果不清楚这些，就无法真正理解各层功能是如何实现的。但是这些内容抽象、枯燥，教学效果往往不佳，可借助Wireshark和Sniffer等一些工具软件辅助教学。用其捕捉数据包并分析各种数据包的结构，学生能够直观地看到MAC(Media Access Control，媒体存取控制)帧、IP包、TCP报文段等各种协议数据单元的结构和内容，理解和掌握便不再困难。

(三)重视案例教学法

学习计算机网络要学会解决网络实际问题的基本方法，掌握网络的基本原理，培养跟踪、学习网络新技术的能力。计算机网络课程不应是单纯的理论课程或应用课程，而应是理论、工程与应用紧密结合的课程。因此，在内容安排上，不仅应重视网络基础理论和工作原理的阐述，也应重视网络工程构建和网络应用问题的分析，使理论与实际更好地结合。在教学中选择一些典型案例进行分析、讨论和评价，使学生在掌握基础知识的同时获得一定的实际应用经验，反过来可更加深入地理解基础知识，有利于激发学生的求知欲，调动学生的学习主动性和自觉性，从而提高学生分析问题和解决问题的能力。

(四)鼓励学生积极参与教学

改变传统教学单纯是"老师教，学生学"的模式，鼓励学生积极参与到教学中来，让他们感受到自己在教学过程中的主体地位。优秀的学生不但能学好教师讲授的内容，而且有自己的好想法，甚至能给教师提出改进建议。这需要教师尊重并思考学生的建议，给学生一定的施展才华的空间并加以启发和引导。教师可以选择一些学生提出过的或当前热点关注的课题布置给学生，让他们走出课堂去调查和搜集资料，然后在课堂上讲解，同学之间互相讨论，最后由教师点评。这样积极有效的参与既提高了学生的学习主动性，又锻炼了学生的思考和表达能力。

五、进行实验教学改革

"计算机网络"是一门应用性很强的课程，计算机专业教育更应重视实验教学环节。实验教学不仅是理论教学的深化和补充，而且对于培养学生综合运用所学知识，解决实际问题，加深对网络理论知识的理解和应用也起着非常重要的作用。

(一)建设优良实用的网络实验室

良好的实践环境对学生能力的培养至关重要，它是实现培养网络人才目标的重要保障。要根据教学目标和学校实际情况，设计一套合理、实用的网络实验室建设方案。为此，一些院校建立了网络工程实验室，使学生有了真正的动手实践的机会，能够更好地做到理论和实际的紧密结合。

(二)利用虚拟网络实验平台

网络技术的快速发展对实验设备的要求越来越高。高校一般都存在经费有限的问题，实验室设备的更新改造往往很难及时跟上网络技术的发展。即便实验环境很优越，学生做实验也受到时间和地点的诸多限制，而虚拟网络实验技术的发展为网络实验教学改革提供了新的思路。使用虚拟机 VMware,学生在一台计算机上就可以组建虚拟的局域网,完成虚拟机与主机及虚拟机之间的网络连接,实现各种操作系统安装、服务器架设和开发及测试的实验。使用 Packet Tracer 或 Boson NetSim 可以支持大量的设备仿真模型,如交换机、路由器、无线网络设备、服务器,以及各种连接电缆和终端等,配置命令和界面与真实设备几乎完全一样。利用虚拟的网络实验平台,学生可随时进行各种网络实验训练而不必担心网络设备的损坏,可以迅速搭建虚拟网络并做好配置和调试,还可以由一个人完成较复杂的设计性和综合性实验。真实实验结合虚拟实验极大地提高了学习效率和资源的利用率,获得了良好的教学效果。

(三)调整和完善实验教学内容

由于各校的实际情况不同,所以要根据教学目标和实验室条件来设计实验内容和编写实验指导书。实验教学内容不应仅仅依附于课程的理论教学内容,它同理论课程一样,都是为教学目标而服务的。验证性、设计性和综合性实验所占的比例应该科学合理,要多关注和借鉴一些厂商认证培训的实验项目。在设置实验内容时,要注意加强实验内容的实用性。实验内容大概可分为以下几类:①网络基本原理实验,如使用 Wireshark 或 Sniffer 分析网络协议;②网络集成类实验,如网线的制作及测试、交换机和路由器的基本配置、VLAN(无线局域网)的配置与管理、路由协议的配置、访问控制列表的配置、树协议的生成、网络的设计与规划等;③网络管理类实验,如对各种操作系统的安装、配置及管理,互联网服务器(Internet Server,IS)的配置及管理,Apache 服务器的配置及管理,文件传送协议(File Transfer Protocol,FTP)、动态主机配置协议(Dynamic Host Configuration Protocol,DHCP)、域名系统(Domain Name System,DNS)等服务的配置和管理,用户和权限的管理等。如果实验内容较多,可将实验独立设课。实验内容不能一成不变,应根据网络技术的发展和市场需求不断地更新和完善。

网络技术日新月异,计算机网络课程的教学应该紧密地结合实际,在探索中持续改进,为培养出更多的高素质应用型人才贡献力量。

第二章　计算机基础教学的发展趋势

2018年6月，全国高等院校计算机基础教育研究会数据科学专业委员会成立，同年6月9日—10日在山东枣庄召开了2018年大数据产业发展与人才培养研讨会，此次会议由全国高等院校计算机基础教育研究会数据科学专业委员会和山东省高教学会计算机教学研究专业委员会联合主办，会议地点设在枣庄学院。北京理工大学李凤霞教授做了关于"在线教育建设下的计算机公共教学的思考"的学术报告，分享了MOOC（大规模开放网络课程，又称慕课）、SPOC（小规模限制性在线课程，简称私播课）和虚拟实验技术在计算机基础教育教学改革中的作用。

第一节　"互联网+"促进计算机基础教学的改革

中国互联网从1994年诞生到现在已有28年，中国互联网的发展历经三次浪潮。三次互联网大浪潮几乎彻底改变了我们每一个人的生活、消费、沟通和出行的方式。

一、中国互联网发展的三次浪潮

(1)从四大门户到搜索。1994—2000年被定义为中国互联网发展的第一次浪潮，标志是从四大门户到搜索。

(2)从搜索到社交化网络。2001—2008年被定义为中国互联网发展的第二次高潮，标志是从搜索到社交化网络。

(3)PC（个人计算机）互联网到移动互联网。2009—2014年被定义为中国互联网发展的第三次浪潮，主要标志是PC互联网到移动互联网。

随着电脑的普及，到了2018年上半年，中国网民人数达8.02亿，互联网普及率达57.7%，网民连接互联网的场所由网吧过渡到家。

随着网络技术的发展，我国IPv6的使用数量飞速递增。2018年上半年，我国互联网网民中，手机网民占98.3%。

随着移动网络的发展，移动应用程序的数量大量增加。

二、什么是"互联网+"

"互联网+"是创新2.0下的互联网发展的新业态，是知识社会创新2.0推动下的互联网形态演进及其催生的经济社会发展新形态。

"互联网+"是互联网思维的进一步实践成果，推动经济形态不断地发生演变，从而带动社会经济实体的生命力，为改革、创新、发展提供广阔的网络平台。通俗地说，"互联网+"就是"互联网+各个传统行业"，但这并不是简单的两者相加，而是利用信息通信技术以及互联网平台，让互联网与传统行业进行深度融合，创造新的发展生态。它代表一种新的社会形态，即充分发挥互联网在社会资源配置中的优化和集成作用，将互联网的创新成果深度融合于经济、社会各个领域之中，提升全社会的创新力和生产力，形成更广泛的以互联网为基础设施和实现工具的经济发展新形态。

国内"互联网+"理念的提出，最早可以追溯到2012年11月于扬在易观第五届移动互联网博览会的发言。易观国际董事长兼首席执行官于扬首次提出"互联网+"理念。他认为在未来，"互联网+"公式应该是我们所在的行业的产品和服务，在与我们未来看到的多屏全网跨平台用户场景结合之后产生的一种"化学"公式。2015年7月4日，国务院印发《国务院关于积极推进"互联网+"行动的指导意见》。2016年5月31日，教育部、国家语委在京发布《中国语言生活状况报告(2016)》，"互联网+"入选十大新词语和十个流行语。

三、"互联网+"特征

(1)跨界融合。"+"就是跨界，就是变革，就是开放，就是重塑融合。敢于跨界了，创新的基础就更坚实；融合协同了，群体智能才会实现，从研发到产业化的路径才会更垂直。融合本身也指代身份的融合，客户消费转化为投资，伙伴参与创新等，不一而足。

(2)创新驱动。中国粗放的资源驱动型增长方式早就难以为继，必须转变到创新驱动发展这条正确的道路上来。这正是互联网的特质，用所谓的互联网思维来求变、自我革命，也更能发挥创新的力量。

(3)重塑结构。信息革命、全球化、互联网业已打破了原有的社会结构、经济结构、地缘结构、文化结构。权力、议事规则、话语权不断在发生变化。"互联网+"社会治理、虚拟社会治理会有很大的不同。

(4)尊重人性。人性的光辉是推动科技进步、经济增长、社会进步、文化繁荣的最根本的力量，互联网的力量之强大最根本地也来源于对人性的最大限度的尊重、对人体验的敬畏、对人的创造性发挥的重视。例如UGC，又如卷入式营销，再如分享经济。

(5)开放生态。关于"互联网+"，生态是非常重要的特征，而生态的本身就是开放的。我们推进"互联网+"，其中一个重要的方向就是要把过去制约创新的环节化解掉，把孤岛式创新连接起来，让研发由人性决定市场驱动，让创业努力者有机会实现价值。

(6)连接一切。连接是有层次的，可连接性是有差异的，连接的价值是相差很大的，但是连接一切是"互联网+"的目标。

四、"互联网+"与大学计算机基础教学的改革

大学计算机基础教学模式在网络不断的发展下，也应进行相应的改革，借助互联网的优势，可以将各种多媒体技术进行有机结合，为计算机基础教学提供丰富的教学资源。因此，当前在高校中对网络的资源优化配置，实现网络教学模式下的计算机基础教学，已成为时代

发展的必然趋势。

大学计算机基础教学采用网络教学模式的优点有三个。

(1)计算机基础教学采用网络教学模式,对学生学习观的转变有促进作用。计算机基础教学采用网络教学模式,学生的学习观可以实现从客观主义到建构主义的转变,这样就可以使学生成为一个具有创造力的个体。客观主义强调知识具有片面性、客观性,学习就是一个获得客观信息的过程,而建构主义强调知识具有主观性、互联性与暂定性,学习的过程是学习者主动构建知识的过程。计算机基础教学通过网络教学模式的使用,使传统课堂中的教与学的关系发生了深刻的改变。在网络教学模式下,学生可以通过网络平台交作业,还可在网络平台上讨论一些相关的问题,这样使得学习的过程更加生动有趣。

(2)计算机基础教学采用网络教学模式,对课堂双主教学模式的构建有利。网络环境教学模式改变了传统教学课堂中教师与学生的角色,不再是教师处于完全的主导地位,一贯的由教师讲、学生被动听的这种状态。在网络教学模式中,学生在课堂中的主体地位被确立,教师成为一个帮助学生建立学习框架的引导者和协助者。这种双主教学模式的构建,对于学生的认知能力和创新能力的培养和提高是有利的。通过网络模式中的这种软硬件相结合的教学环境,学生有了探索空间。在网络教学模式下,学生可以借助互联网的优势进行自主发现、独立思考问题。

(3)网络教学模式有利于促进教师不断提高自身的教学水平。计算机基础课程是一门特殊的课程,随着计算机相关技术的不断更新,新的思维、新的技术的不断出现,计算机基础的授课内容也在不断更新中。计算机基础课程在网络教学模式下,不仅能实现学生学习能力的提高,也能促进教师通过网络不断更新自己的相关知识,提高自己的业务水平,以适应当前不断发展的计算机基础教学。

五、"互联网+"时代下大学计算机基础教学中微课的应用研究

在"互联网+"教育环境下,大学计算机基础课程必须抛弃传统观念,构建创新理念,充分运用计算机通信技术与网络技术,建立新的教学环境,满足不同层次的学生要求,从教学内容、教学方式、教学行为、教学理念等多个方面进行改革与创新,更好地推动大学计算机基础课程的教学与实践的推广。

"互联网+"指的是在传统行业中巧妙运用计算机技术,促进行业的发展。"互联网+"背景下,时间和空间的限制影响大大降低,学生能够随时随地地获取信息。在此背景下,计算机基础课程中开始广泛运用微课,其能够革新传统教学模式,课堂教学生动性、趣味性得到增强,学生的学习兴趣得到激发,显著提高了教学效率和教学质量。

(一)微课教学在计算机基础课程中的优势

在"互联网+"时代下,微课运用到计算机基础教学的优势主要有四点。第一是由微课的特点决定的,由于微课具有时间较短、内容较少、生动性更强的特点,因此可以将学生的注意力有效地吸引过来。这样教师就可以根据教学内容,利用微课来展现自己课程中的教学难点和重点,通过微课课件传递给学生。由于网络的特点,学生可以结合自己的时间来安排

学习时间，这样就对其自主学习能力进行了培养。第二，由于计算机基础课程的知识点较多，涉及的范围又比较广，因此教师根据分散的知识点制作成微课视频，这样不仅降低了学生学习计算机基础课程的难度，还提高了学生的学习兴趣。第三，由于微课只是5～10分钟的视频，内容较少，因此占用的存储空间也很小，视频的存储对存储器容量要求不高，学生可以随时随地进行观看学习，不受时间、空间的限制。第四，教师有权依据学生的学习情况及教学进度选择性播放自己制作好的微课视频，学生有权依据自己的学习情况自主选择视频进行学习。

(二)“互联网＋”时代计算机基础微课教学的应用

(1)微课制作。微课比较短小，一般是章节中的重点知识和难点知识，教师要结合实际情况，对教学内容有机优化，控制微课时间在5分钟左右，以便促使计算机基础知识难度得到降低。在制作之前，需要对制作工具、制作软件等进行明确和准备，如计算机、耳麦等都是必备的。首先制作幻灯片，然后录制视频，录制过程中，需要清楚连贯的讲解，且采取相应的措施，增强视频的生动性。以“Word图文混排”为例，图文混排是计算机基础课程中的重点，而讲解的重点和难点是图片和文字的环绕方式，因此就可以环绕方式这一个知识点制作视频。选择案例时为了增强视频的生动性，可以用班级的板报设计为案例，进行分析和讲解，这样既可以促使班级存在的实际问题得到解决，又可以将同学们的学习兴趣和积极性调动起来，对图文混排的知识深入掌握。

(2)微课的运用可以提升课堂教学效率。在过去传统的教学当中，教师处于完全的主导地位，所有的教学内容都是教师开展的，学生只是被动地接受知识，课堂中师生之间的互动比较少，这样的课堂气氛是较沉闷的，课堂教学质量无法提升，学生会逐渐失去对计算机课程的学习兴趣。将微课引入计算机基础课程中后，通过这种有效创新课堂教学模式，实现了生生、师生之间的互动，课堂氛围轻松、愉悦，学生会主动地学习计算机知识。

(3)微课创新了传统教学方法。目前很多高校在计算机基础教学中采用的教学方式，还是理论课在多媒体教室授课，只有实验课才在机房进行。理论课上课教室通过多媒体演示，学生对比教材看屏幕，不能进行实际的操作，而机房实践对整个教学只起到辅助作用，教学效果很不好。针对这种情况，教师需要结合课程要求，对理论知识讲解、实践操作的比例进行合理调整，优化课堂教学方法，将微课教学充分运用过来。

第二节　MOOC在计算机基础教学中将得到广泛应用

慕课(MOOC)，即大规模开放在线课程，是“互联网＋教育”的产物。

一、MOOC的概念

所谓“慕课”(MOOC)，顾名思义，第一个字母“M”代表Massive(大规模)，与传统课程只有几十个或几百个学生不同，一门MOOC课程动辄上万人，最多达16万人；第二个字母

“O”代表Open（开放），以兴趣为导向，凡是想学习的，都可以进来学，不分国籍，只需一个邮箱，就可注册参与；第三个字母“O”代表On-line（在线），学习在网上完成，不受时空限制；第四个字母“C”代表Course，就是课程的意思。

MOOC是以连通主义理论和网络化学习的开放教育学为基础的。这些课程跟传统的大学课程一样，循序渐进地让学生从初学者成长为高级人才。课程的范围不仅覆盖了广泛的科技学科，比如数学、统计、计算机科学、自然科学和工程学，也包括社会科学和人文学科。

二、MOOC的发展史

20世纪60年代MOOC有短暂的历史，但是却有一个不短的孕育发展历程。1962年，美国发明家、知识创新者Douglas Engelbart提出了一项研究计划，题目叫《增进人类智慧：斯坦福研究院的一个概念框架》，在这个研究计划中，Douglas Engelbart强调了将计算机作为一种增进智慧的协作工具来加以应用的可能性。也正是在这个研究计划中，Douglas Engelbart提倡个人计算机的广泛传播，并解释了如何将个人计算机与互联的计算机网络结合起来，从而形成一种大规模的、世界性的信息分享的效应。

(1)术语提出。MOOC这个术语是2008年由加拿大爱德华王子岛大学网络传播与创新主任和国家人文教育技术应用研究院高级研究员联合提出的。在由阿萨巴斯卡大学技术增强知识研究所副主任与国家研究委员会高级研究员设计和领导的一门在线课程中，为了响应号召，Dave Cormier与Bryan Alexander提出了MOOC这个概念。

(2)课程发展。从2008年开始，一大批教育工作者，包括来自玛丽华盛顿大学的Jim Groom教授以及纽约城市大学约克学院的Michael Branson Smith教授都采用了这种课程结构，并且成功地在全球各国大学主办了他们自己的大规模开放网络课程。

最重要的突破发生于2011年秋，那个时候，来自世界各地的160 000人注册了斯坦福大学Sebastian Thrun与Peter Norvig联合开设的一门“人工智能导论”的免费课程。许多重要的创新项目，包括Udacity、Coursera以及edX都纷纷上马，有超过十几个世界著名大学参与其中。

(3)MOOC在中国的发展。MOOC课程在中国同样受到了很大关注。根据Coursera的数据显示，2013年Coursera上注册的中国用户共有13万人，位居全球第九；而在2014年达到了65万人，增长幅度远超过其他国家。Coursera的联合创始人、董事长吴恩达(Andrew Ng)在参与果壳网MOOC学院2014年度的在线教育主题论坛时的发言中谈到，每8个新增的学习者中，就有一个人来自中国。果壳网CEO、MOOC学院创始人嵇晓华也重点指出，和一年前相比，越来越多的中学生开始利用MOOC提前学习大学课程。以MOOC为代表的新型在线教育模式为那些有超强学习欲望的90后、95后提供了前所未有的机会和帮助。Coursera现在也逐步开始和国内的一些企业合作，让更多中国大学的课程出现在Coursera平台上。

中国的MOOC学习者主要分布在一线城市和教育发达城市，学生的比例较大。目前，我国MOOC学习人数处于世界领先地位，我国已成为世界MOOC大国。

三、MOOC的主要特点

(1)大规模的。MOOC不是个人发布的一两门课程,是指那些由参与者发布的课程,只有这些课程是大型的或者是大规模的,才是典型的MOOC。

(2)开放课程。MOOC尊崇创用共享协议,只有当课程是开放的,才可以称之为MOOC。

(3)网络课程。MOOC不是面对面的课程,这些课程材料散布于互联网上。人们上课地点不受局限,无论你身在何处,只需要一台电脑和网络连接即可。

四、MOOC在计算机基础教学中的发展趋势

虽然MOOC推出的时间较短,但它已经在教育界引起了一场革命和变革。下面对MOOC今后在计算机基础教学中的发展趋势进行分析。

(1)MOOC将构建新的网络课程文化。随着MOOC在教育界的影响越来越大,通过MOOC进行学习的人越来越多,这种新型的学习方式会在网络中产生大量的数据,这些数据可以用来进行学术评估、未来预测、规则寻找。由此可见,MOOC在未来很有可能成为一种全球范围的网络课程的文化产业。

(2)MOOC形成新型的教与学模式。在教学领域引入慕课,其发展形成了一种新的学习模式。在该模式下,学生从被动的接受者转变成学习的主体。学习的场地不像以往仅在课内,重要的知识点的学习可以移到课外。课堂上主要是向学生传授学习的方式,大量的知识获取可以从课外学习中获得。

(3)逐步形成更大规模互动和参与的平台。形成更大规模互动和参与的平台是MOOC的最主要的特点。在MOOC平台中的注册人数是没有限制的,而且MOOC平台中学习的课程都是在业界最先的、具有权威性的课程,这些课程会对学习者产生较强的吸引力。MOOC之所以形成了更大规模互动和参与的平台,是因为MOOC从制作到完成,需要一个庞大的团队。

MOOC不是将传统的课堂搬到线上,而是由优秀教师和专业团队共同为在线学习重新设计课堂。

MOOC将新的技术、优秀的教学资源、优秀的教师、优秀的课程结合在一起,通过网络来创造教育界的新的神话。虽然MOOC在我国刚刚起步,但是在今后的发展中,MOOC平台会不断优化,和国际先进水平接轨,使计算机基础教学向更好的方面发展。

五、常用的MOOC平台

平台是大规模开放网络课程(MOOC)发展的核心要素。平台是否对学习者友好,是否对学习者有吸引力,关系着MOOC模式的长远发展。下面以“学堂在线”“中国大学MOOC”“好大学在线”“智慧树”和“超星慕课”5个国内较知名的MOOC平台为例,进行简单介绍。

(1)学堂在线。“学堂在线”是清华大学发起的精品中文MOOC平台,为广大学习者提

供来自清华大学、北京大学、斯坦福大学、麻省理工学院等知名高校创业、经管、语言、计算机等各类 1 000 余门免费课程。

(2)中国大学 MOOC。"中国大学 MOOC"是由网易与高等教育出版社携手推出的在线教育平台,承接教育部国家精品开放课程任务,向大众提供中国知名高校的 MOOC 课程。

(3)好大学在线。"好大学在线"是上海交通大学拥有的中国顶尖 MOOC 平台。依托该平台,上海交通大学与百度及金智教育实施战略合作,致力于在互联网教育时代发展在线教育,让更多人能上更好的大学。

(4)智慧树。"智慧树"是全球大型的学分课程运营服务平台,在线教育平台拥有海量大学高品质课程,网络教育在线完美支持跨校授课、学分认证、名师名课名校、在线互动教育学堂。

(5)超星慕课。"超星慕课"是超星集团基于最新慕课理念,充分整合教学资源的新一代网络教学平台。

"学堂在线""中国大学 MOOC"和"好大学在线"三家 MOOC 平台在课程指导资源上比较全面。学习者能通过先导视频、课程简介、课程大纲和知识储备等内容判断自己对此门课程是否有兴趣、是否适合自己对相关知识的需求。高校计算机基础教师可以将 MOOC 平台作为授课过程中的辅助工具,如有选择性地选择平台上部分免费课程的部分章节作为学生预习和复习的内容,这样就可以利用有限的课堂时间,给学生传授更多的知识。

第三节　大数据背景下计算机基础教学将面临新的挑战

随着计算机互联网、移动互联网、物联网、平板电脑、手机的大众化和微博、论坛、微信等网络交流方式的迅速发展,数据资料的增长正发生着巨大的变化。

一、什么是大数据时代

大数据其实就是海量资料、巨量资料,这些巨量资料来源于世界各地随时产生的数据。在大数据时代,任何微小的数据都可能产生不可思议的价值。

大数据兴起的第一个原因是数据量越来越大。从监测的数据来看,数据量越来越多,每年都会翻倍,数据量一直在飞速增长;针对即时数据的处理也变得越来越快;通过各种终端,比如手机、PC、服务器等产生的数据越来越多。大数据兴起的第二个原因也是最重要的原因就是科技的进步导致了存储成本的下降,这使得设备的造价出现大幅下降。新技术和新算法的出现是大数据兴起的第三个原因。最后一个也是最本质的原因就是商业利益的驱动极大地促进了大数据的发展。

大数据有 4 个特点,分别为 Volume(大量)、Variety(多样)、Velocity(高速)、Value(价值),一般我们称之为 4V。

(1)大量。大数据的特征首先就体现为"大"。从前,一个小小的 MB 级别的 MP3 就可以满足很多人的需求,然而随着时间的推移,存储单位从过去的 GB 到 TB,乃至现在的 PB、EB 级别。随着信息技术的高速发展,数据开始爆发性增长。社交网络(微博、推特、脸书等)、移动网络、各种智能工具、服务工具等,都成为数据的来源。例如:淘宝网近4亿的会员每天产生的商品交易数据约20 TB,脸书约10亿的用户每天产生的日志数据超过300 TB。迫切需要智能的算法、强大的数据处理平台和新的数据处理技术来统计、分析、预测和实时处理如此大规模的数据。

(2)多样。广泛的数据来源决定了大数据形式的多样性。任何形式的数据都可以产生作用,目前应用最广泛的就是推荐系统,如淘宝、网易云音乐、今日头条等,这些平台都会通过对用户的日志数据进行分析,从而进一步推荐用户喜欢的东西。日志数据是结构化明显的数据,还有一些数据结构化不明显,例如图片、音频、视频等,这些数据因果关系弱,需要人工对其进行标注。

(3)高速。大数据的产生非常迅速,主要通过互联网传输。生活中每个人都离不开互联网,也就是说,每个人每天都在向大数据提供大量的资料,并且这些数据是需要及时处理的,因为花费大量资本去存储作用较小的历史数据是非常不划算的。对于一个平台而言,也许保存的数据只有过去几天或者一个月之内的,再远的数据就要及时清理,不然代价太大。基于这种情况,大数据对处理速度有非常严格的要求,服务器中大量的资源都用于处理和计算数据,很多平台都需要做到实时分析。数据无时无刻不在产生,谁的速度更快,谁就有优势。

(4)价值。价值是大数据的核心特征。现实世界所产生的数据中,有价值的数据所占比例很小。相比于传统的小数据,大数据最大的价值在于通过从大量不相关的各种类型的数据中,挖掘出对未来趋势与模式预测分析有价值的数据,并通过机器学习方法、人工智能方法或数据挖掘方法深度分析,发现新规律和新知识,并运用于农业、金融、医疗等各个领域,从而最终达到改善社会治理、提高生产效率、推进科学研究的效果。在大数据时代,每个人都会享受到大数据所带来的便利。例如:买东西可以足不出户,有急事出门可以网上约车,想了解天下事只需要动动手指。虽然大数据会产生个人隐私问题,但总的来说,大数据还是在不断地改善着我们的生活,让生活更加方便。

二、大数据专业的兴起

随着大数据时代的到来,社会急缺大数据相关人才,各类大数据培训机构也如雨后春笋般出现。通过几个月的培训,大量大数据相关人员就可以步入各公司上岗,且薪水很高。

目前,部分高校创建了大数据专业,旨在培养具有大数据思维、运用大数据思维及分析应用技术的高层次大数据人才。大数据专业从大数据应用的三个主要层面(数据管理、系统开发、海量数据分析与挖掘)对学生进行系统的培养。大数据专业的培养目标是使培养出的学生具有掌握大数据应用中的各种典型问题的解决办法,具有将领域知识与计算机技术和大数据技术融合、创新的能力,并且能够从事大数据研究和开发应用程序。

三、大数据对现代教育产生的影响

大数据主要在以下4个方面对教育产生了影响。

(1)大数据改变了教育研究中对数据价值的认识。大数据与传统数据相比较,它们最主要的区别是在信息采集的方式以及对数据的应用上。传统数据的采集方式面对的对象是学生的整体水平，并不是个人水平，无法准确表达每个学生的个性。大数据的信息采集，可以细化到每一个学生，可以逐个去关注每个学生的微观表现。

（2）大数据方便授课教师更全面地了解每一个学生。由于大数据的信息采集可以细化到每一个学生，因此，教师通过大数据可以获得授课班级中每一个学生的真实信息。比如，教师在做试卷分析时，可以把考试中的错误对比分析，这样可以有利于开展个性化教育。

（3）大数据帮助学生进行个性化高效率学习。在大数据时代，学生可以通过“大数据”了解自己的学习情况，针对自己的现状开展自主学习，提高学习效率。在大数据的环境下，教育领域的改革不断进行着，大数据帮助我们以全新的视角判断事物的可行性和利弊性，详尽地展现了在传统教学方式下无法察觉到的深层次学习状态，进而有条件为每个学生提供个性化教学服务。如学生通过各学期成绩对比，从中找出问题，有针对性地进行个性化学习。

（4）大数据增强教师责任心，强化师德建设。在大数据平台下，学生可以随时对教师的授课情况进行评价和打分，教师的授课方式是否被学生接受，在整个平台下是透明的。因此，教师之间的竞争明显加强，教师为了适应当前的教学，只有不断地提高自己的文化素养和教育素养，才能在现代的教学领域中具有竞争力。

四、大数据时代下的大学计算机基础教学改革

在大数据时代，我们的生活方式发生了很大的改变。计算机的技术日新月异，为了满足人们对计算机知识的需求，计算机基础教学无论是从教学内容还是教学方法上都应该进行相应的改变。

（1）传统大学计算机基础教学的核心和本质。目前，大学计算机基础的教学核心内容主要有两个方面，一是操作系统，二是办公软件。虽然，不同高校开设的“大学计算机”这门课程有些差别，但是本质和核心要点没变，那就是在教育纲要对本门课程的指导下，完成操作系统、办公软件这两大核心模块的教学工作。这是整个大学计算机基础教学的核心内容。

（2）大数据背景下大学计算机基础教学肩负的使命。大学计算机基础课程虽然属于大学通识类课程，但是和传统的语文、数学类基础课程有着许多实质性区别。随着计算机的发展及新的计算机技术的出现，大学计算机基础课程的授课内容也发生改变。大学计算机基础课程中的操作系统，从最初命令界面的DOS系统到窗口界面的Windows 95，再到目前大部分高校讲授的Windows 7和Windows 10，是随着操作系统的发展而进行更新的。

第四节　人工智能的发展对计算机基础教学的影响

人工智能在计算机领域内得到了愈加广泛的重视，并在机器人、经济政治决策、控制系统、仿真系统中得到应用。

一、支持人工智能企业发展的相关政策

中国人工智能产业从2014年开始兴起，2015年是名副其实的人工智能创业年，涌现了

相当一部分优秀的创业公司，2015 年和 2016 年新增数据分别为 150 家和 128 家。尽管近两年新增企业数量也有下滑，但从长期发展情况来看，该现状属于投资热潮下的短期波动，不影响长期趋势。

2015 年以来，人工智能在国内获得快速发展，国家相继出台了一系列政策支持人工智能的发展，推动中国人工智能步入新阶段。早在 2015 年 7 月，国务院发布《关于积极推进"互联网＋"行动的指导意见》，将"互联网＋"人工智能列为其中 11 项重点行动之一；2016 年 3 月，"人工智能"一词写入国家"十三五"规划纲要；2016 年 5 月，《"互联网＋"人工智能三年行动实施方案》发布，提出到 2018 年的发展目标；2017 年 3 月，"人工智能"首次写入政府工作报告；2017 年 7 月，国务院正式印发《新一代人工智能发展规划》，战略确立了新一代人工智能发展三步走战略目标，人工智能的发展至此上升到国家战略层面；2017 年 10 月，"人工智能"写入党的十九大报告；2017 年 12 月，《促进新一代人工智能产业发展三年行动计划（2018—2020 年）》发布，作为对《新一代人工智能发展规划》的补充，从各个方面详细规划了人工智能在未来三年的重点发展方向和目标，足以看出国家对人工智能产业化的重视。

二、人工智能被纳入大学计算机基础教学内容

2018 年 4 月 2 日，教育部印发《高等学校人工智能创新行动计划》（以下简称《计划》），将"优化高校人工智能领域科技创新体系""完善人工智能领域人才培养体系""推动高校人工智能领域科技成果转化与示范应用"列为重要任务。《计划》提出推进智能教育发展，推动智能教育应用示范，加快推进人工智能与教育的深度融合和创新发展，研究智能教育的发展策略、标准规范，探索人工智能技术与教育环境、教学模式、教学内容、教学方法、教育管理、教育评价、教育科研等的融合路径和方法，发展智能化教育云平台，鼓励人工智能支撑下的教育新业态，全面推动教育现代化。

《计划》指出该行动的主要目标为：

到 2020 年，基本完成适应新一代人工智能发展的高校科技创新体系和学科体系的优化布局，高校在新一代人工智能基础理论和关键技术研究等方面取得新突破，人才培养和科学研究的优势进一步提升，并推动人工智能技术广泛应用。

到 2025 年，高校在新一代人工智能领域科技创新能力和人才培养质量显著提升，取得一批具有国际重要影响的原创成果，部分理论研究、创新技术与应用示范达到世界领先水平，有效支撑我国产业升级、经济转型和智能社会建设。

到 2030 年，高校成为建设世界主要人工智能创新中心的核心力量和引领新一代人工智能发展的人才高地，为我国跻身创新型国家前列提供科技支撑和人才保障。

第三章　计算机专业教学现状与改革

通过教学改革与研究，树立先进的人才培养理念，构建具有鲜明特色的学科专业体系和灵活的人才培养模式，才能造就适合当地经济建设和社会发展的，适用面广、实用性强的专业人才。

第一节　当前计算机专业人才培养现状

一、专业定位和人才培养目标不明确

国内重点大学和知名院校的专业培养强调重基础、宽口径，偏重于研究生教育。而职业院校由于生源质量、任课教师水平等诸多因素的影响，要达到重点院校的人才培养目标确实比较困难。职业院校的生源大部分来自农村和中小城市，地域和基础教育水平的差异，使得他们视野不够开阔、知识面不够宽，许多与实践能力培养相关的课程与环节在片面追求升学率的情况下被放弃。这些学生上大学，怀抱“知识改变命运”的个人目标，对于来自农村的生源来说是无可厚非的，然而一进入大学校门，就被学校引导进入以考取研究生或掌握一技之长为目的的学习之中，重蹈中学应试学习之路，过于迫切的愿望，导致他们把学习的考试成绩看得特别重，忽视了实践能力的运用。加上职业院校的学术氛围、学习风气的影响，教学效果一般难与重点院校相提并论，所以培养出来的学生的基本理论、动手能力、综合素质普遍与重点大学和社会对人才的需求有一定的差距。专业定位和培养目标的偏差，造成部分职业院校计算机专业没有形成自己的专业特色，培养出来的学生的操作能力和工程实践能力相对较弱，缺乏社会竞争力。

二、培养方案和课程体系不能因地制宜

计算机专业的培养方案和课程体系，除了学习和借鉴一些名牌大学、重点大学之外，有些是对原有计算机科学与技术专业的培养计划和课程体系进行修改。无论何种方式，由于受传统的理科研究性的教学思想的影响，都是从研究软件技术的视角出发制定培养方案和设计课程体系的。这些课程体系不是以工程化、职业化为导向，而是偏重理论教育，特别是与软件过程相关的技能与工程实训很少，甚至根本没有。按照这样的培养方案和课程体系，

一方面，软件工程专业实训内容难以细化，重理论轻实践，虽然实验开出率也很高，也增加了综合性、设计性的实验内容，但是学生只是机械地操作，不能提高学生自己动手、推理能力，从而造成了学生创新能力的不足；另一方面，课程内容陈旧、知识更新落后，忽视针对性和热点技术，无法跟上发展迅速的业界软件技术，专业理论知识难度较大，学生很难完全掌握吸收，又学不到最新的专业技术，专业成才率较低。

生源质量、师资水平、地方经济发展程度的不同，要求高校培养人才要因地制宜，探索出真正体现职业院校计算机专业特色的培养计划和课程体系，培养出适合企业需求的软件工程技术人才。

三、实践教学体系建设不完善

计算机专业的集中实践教学环节的硬件条件大多按照教育部评估的要求进行了配置，实践课程也按照计划进行了开设，但是很多都是照搬一般模式，有些虽然也安排学生到公司实习，但是对如何从实验教学、实训教学、“产、学、研”实践平台构建等环节进行实践教学体系的建设考虑还远远不够，更谈不上如何根据专业自身的生命周期和需要进行实践教学的安排。很多实践过程学生根本就没有深入地学习，只是做了一些简单的验证实验，没有深入分析问题、解决问题的过程。另外，学生实验、实践和实训都是以个人为单位，缺少团队合作精神和情商培养，学生以自我为中心，缺乏与人沟通的能力和技巧，难以适应现代 IT 企业注重团队合作的工作氛围。

四、缺少有项目实践经历的师资

职业院校计算机专业的师资力量相对于重点院校还是相当薄弱的，相当一部分教师缺少项目实践经历，没有生产一线的工作经验。另外，学校与行业企业联系不够紧密，教师难以及时了解和掌握企业的最新技术发展和体验现实的职业岗位，致使专业实践能力明显不足，“双师”素质的教师在专任教师中所占比例较低。真正符合职业教师特点和要求的教师培训机会不多，很多教师以理论教学为主导地位的教育观念没有改变，没有培养学生超强实践能力的意识，导致在教学过程中过分强调考试成绩，实践课程的学习成了附属品。没有好的师资很难培养出优秀的软件工程人才。

五、教学考核与管理方式存在问题

高校扩招后，职业院校普遍存在师资不足的问题，因此，理论课程和实践课程往往由同一名教师担任，合班课也非常普遍。为了简化考核工作，课程的考核往往以理论考试为主，对于实践能力要求高的课程，往往也是通过笔试考核，“60 分”成了学生是否达到培养目标、是否能够毕业的一个铁定的指标。学习缺乏过程性评价和有效监控，业余时间多且无人管理，给学生的错觉是只要达到“60 分”，只要能毕业，基本任务就完成了，能否解决实际问题已不重要。这些问题在学生毕业设计、毕业(论文)阶段也非常突出，但因为学生面临找工作以及毕业设计指导管理等问题，毕业设计阶段对学生工程实践能力的培养也有弱化的趋势。

第二节　计算机专业教学改革与研究的方向

当前高校计算机人才的培养目标、培养模式、课程体系、教学方法、评价方式等都无法适应业界的实际需求，专业教学改革势在必行。通过深入学习和领会杜威的“做中学”教育思想和构思、设计、实现、运作教育理念的先进做法，借鉴国内外兄弟院校的教学改革实践经验，结合自身实际情况，我们确定了以下几个教学改革与研究的方向。

一、适应市场需求，调整专业定位和培养目标

构思、设计、实现、运作教育理念的课程大纲与标准，对现代计算机人才必备的个体知识、人际交往能力和系统建构能力做出了详细规定，为计算机专业教育提供了一个普遍适用的人才培养目标基准，需要强调的是，这只是一个普遍的标准，是最基本的能力和素质要求。构思、设计、实现、运作教育理念模式是一个开放的系统，其本身就是通过不断的实证研究和实践探索总结出来的，并非一成不变的。众所周知，麻省理工学院等世界一流名校的构思、设计、实现、运作教育理念模式是培养世界顶尖的工程人才，国内如清华大学等高校的构思、设计、实现、运作模式改革也同样是针对顶尖工程人才培养的，是精英化的工程人才培养。社会需求是多样化的，需要精英化的工程人才，也需要大众化的工程人才。职业院校应根据社会多样化的需求，结合本地的经济发展情况、学校自身的办学条件、生源特点，明确自己的专业定位和培养目标。只有专业定位和培养目标准确了，后面的教育教学改革才不会偏离方向，才能取得成效。

计算机软件产业的蓬勃发展，无疑需要大量的相关从业人员，产业的竞争对人才的能力和素质提出了更高的要求。据麦可思中国大学生就业课题研究内容显示，软件工程专业近几年的平均薪酬水平都位于前列。东部和沿海地区对毕业生的人才吸引力指数为67.3%，是中西部地区的人才吸引力指数32.3%的两倍多，所以就业流向大部分是东部和沿海地区，中西部地区吸引和保留人才的能力都较弱，属于人才净流出地区。

针对行业发展对人才能力素质的需求，结合本地经济发展状况和学校办学条件，经过深入研究和探讨，我们确定了职业院校计算机专业的办学定位：立足本省、面向全国，培养在生产一线从事计算机系统的设计、开发、运用、检测、技术指导、经营管理的工程技术应用型人才。麦可思的调查显示，大学毕业生对就学地有着较高的就业偏好。因此，我们立足于本省，服务于地方经济，同时向全国，特别是长三角、珠三角地区输送软件工程技术人才。

对照构思、设计、实现、运作教育理念的能力层次和指标体系，我们提炼出职业院校计算机专业的培养目标：培养具有良好的科学技术与工程素养，系统地掌握软件工程的基本理论、专业知识和基本技能与方法，受到严格的软件开发训练，能在软件工程及相关领域从事软件设计、产品开发和管理的高素质专门人才。

经过三年的学习培养，学生应该具有通识博雅的人格素质和终身多元的学习精神，具备务实致用的专业能力和开拓创新的竞争力，能成为适应产业需求的建设人才。随着高新技术的不断涌现，应用型技术人才培养目标必须通过市场调研，不断进行更新和调整，但万变

不离其宗——能力和素质的提高。

二、修订专业培养计划，改革课程设置，更新教学内容

专业培养计划是人才培养的总体设计和实施蓝图，它根据人才培养目标和培养规格，制订了明确的知识结构和能力要求，设置了专业要求的课程体系，是专业教育改革的核心问题，对提高教育质量、培养合格人才有着举足轻重的作用。

近年来，软件工程的飞速发展，使软件工程理论和技术不断更新，高校培养计划和课程体系不能适应这种变化的矛盾日益突出，因而高校人才培养方案的制订和调整必须把业界对人才培养的需求作为重要的依据，分析研究市场对软件人才的层次结构、就业去向、能力与素质等方面的具体要求，以及全球化和市场化所导致的人才需求走向等，以能力要求为出发点，以"必须、够用"为度，并兼顾一定的发展潜能，合理确定知识结构，面向学科发展、面向市场需求、面向社会实践修订专业培养计划。

课程设置必须跟上时代步伐，教学内容要能反映出软件开发技术的现状和未来发展的方向。职业院校计算机专业的课程设置，重基础和理论，学科知识面面俱到，不能体现出应用型技术人才培养的特点。因此，作为相关的专业教师，必须及时了解最新的技术发展动态，把握企业的实际需求，汲取新的知识，做到该开设什么课程、不应开设什么课程心中有数，对教材的选用应以学用结合为着眼点，根据实际需要选择。对于原培养计划中不再适应业界发展要求的课程要坚决排除，对于一些新思维、新技术、新运用的内容，要联合业界，加大课程开发，不断地更新完善课程体系。

在构思、设计、实现、运作教育理念理论框架下完善职业院校计算机专业培养计划的内容，合理分配基础科学知识、核心工程基础知识和高级工程基础知识的比例，设计出每门课程的具体可操作的项目，以培养学生的各种能力并非易事，不仅要让学生学到相互支持的各种学科知识，而且还应能在学习的过程中同时获取个人、人际交往能力，以及产品、过程和系统建造的能力。对培养计划和课程设置，必须深入地研究和探讨。

需要注意的是，在强调工程能力重要性的同时，构思、设计、实现、运作教育理念并不忽视知识的基础性和深度要求。构思、设计、实现、运作教育理念课程大纲所列的培养目标既包括专业基础理论，也包括实践操作能力；既包括个体知识、经验和价值观体系，也包括团队合作意识与沟通能力，体现了典型的通识教育价值理念。此外，应用型技术人才还应当有广泛的国际视野。通识教育是学生职业生涯发展后劲的基础，专业教育是学生职场竞争力的根本保证。

三、改进教学方法，创建"主导-主体"的教学模式

传统的课堂教学，以教师为中心，以教材讲授为主，学生被动接受知识，限制了学生学习的自主性和创造性。基于对杜威"做中学"教育思想的理解，传统的教学方法必须改变，师生关系必须重新构建。

在"做中学"教育思想指导下的构思、设计、实现、运作教育理念模式，强调的是教学应该从学生的现有生活经验出发，从自身活动中进行学习，教学过程应该就是"做"的过程。教育

的一切措施要从学生的实际出发，做到因材施教，以调动学生学习的积极性和主动性，即“以学为中心”。

构思、设计、实现、运作教育理念是基于工程项目全过程的学习，这个全过程要围绕学生的“学”展开，为学生创建主动学习的情境，促进主动学习的产生。在发挥学生主动性的同时，“做中学”并非否定教师的指导作用。相对传统课堂，师生关系、课堂民主都要发生重大的变化。

以学生为中心的“做中学”，是学生天然欲望的表现和真正兴趣所在，符合个体认知发展的规律，有利于构建和谐民主的师生关系，更能促进学习的发生。如何把这种教育理念转换为教育实践，关键是对两个问题的理解：一是如何诠释“以学生为中心”，二是何谓“教学民主”。

以学生为中心，不能笼统提及、泛泛而谈，这样不利于深入认识，也不利于实际操作，需要进一步明确以学生的什么为中心。杜威的以学生为中心，具体地讲是以学生的需要，特别是根本需要为中心，对大学生来说，他们的根本需要在于增进知识，提高能力和素质。以学生的根本需要为中心，那么“中心”二字又如何理解？从传统的以教师为中心到以学生为中心，高等教育的思想观念发生了重大变化，但是这个“中心”概念的转换常常引发一些操作上的误区。教学过程从教师“一统天下”，变为一盘散沙，“做中学”饱受一些人的诟病，实际上，这是对杜威教育思想认识不到位的缘故。“中心”关系的确立，是教学过程中师生关系的重新确定，涉及另外一个概念——教学民主。

表面上看，教学民主无非是师生平等，是政治民主的教学化。然而，教学民主的真正核心在于学术民主，而不是教学过程中师生之间的社会学含义的民主，民主在教学中的具体指向就是学术。师生之间在学术地位上存在天然的不平等，因此在教学过程中的学术民主强调的是一种学术民主氛围的构建。

传统的课堂上，教师不仅是教学过程的控制者、教学活动的组织者、教学内容的制订者和学生学习成绩的评判者，而且是绝对的权威，这种师生关系形成不了教学民主的气氛。因此，教师要转变角色，从课堂的传授者转变为学习的促进者，由课堂的管理者转变为学习的引导者，由居高临下的权威转向“平等中的首席”专家。这样一种教学民主氛围，有利于发挥教师的指导作用，又能充分发挥学生的主体作用。这就是“主导-主体”的教学模式。

四、改革教学实践模式，注重实践能力的培养

构思、设计、实现、运作教育理念的实践就是“做中学”，做“什么”才能让学生学到知识，获得能力的提升，这就需要改革教学实践模式，优化整合实践课程体系。

实践教学是整个教学体系中一个非常重要的环节，是理论知识向实践能力转换的重要桥梁。以往的实践课程体系，也认识到实践的重要性，但由于没有明确的改革指导思想，实践教学安排往往不能落实到位，大多数停留在验证性的层次上，与构思、设计、实现、运作教育理念的标准要求相差甚远。切实有效的实践教学体系，应根据构思、设计、实现、运作教育理念，将实验环节与计算机专业的整个生命周期紧密结合起来，参考构思、设计、实现、运作教育理念工程教育能力大纲的内容，以培养能力为主线，把各个实践教学环节，如实验、实

习、实训、课程设计、毕业设计(论文)、大学生科技创新、社会实践等,通过合理的配置,以项目为载体,将实践教学的内容、目标、任务具体化。在实际操作的过程中,可将案例项目进行分解,按照通识教育、专业理论认知、专业操作技能和技术适应能力4个层次,由简单到复杂,由验证到应用,由单一到综合,由一般到提高,由提高到创新,循序渐进地安排实践教学内容,依次递进,3年不间断地进行。合理配置、优化整合实践教学体系是一个复杂的过程,并非易事,需要在实践中不断地探索,是职业院校计算机专业教育教学改革的重点和难点。

五、转变考核方式,改革考试内容,建立新的评价体系

专业教育教学改革的宗旨是培养综合素质高、适应能力强的业界需求人才。构思、设计、实现、运作教育理念对能力结构的4个层次进行了细致的划分,涵盖了现代工程师应具有的科学和技术知识、能力和素质,主张不同的能力用不同的方式进行考核,针对不同类别的课程,结合构思、设计、实现、运作教育理念,设计考核与评价模型,建立多样化的考核方式,来实现对学生的自学能力、交流与沟通能力、解决问题能力、团队合作能力和创新能力等进行考核与评价。这些考核方式和评价模型的科学性、合理性是专业教育教学改革需要深入研究的一个方向。

考试内容是学生学习的导向,不能让学生出现重理论、轻实践或重实践、轻理论的两极倾向。因此,在考试内容上,不仅要求考核课程的基本理论、基本知识、基本技能的掌握情况,还要考核学生发现问题、分析问题、解决问题的综合能力和综合素质;在考试形式上,可以采取多种多样的方式进行,一切以能全面衡量学生知识掌握和能力水平为基准,使学生的个性、特长和潜能有更大的发挥余地。例如,采取作业、综合作业、闭卷等多种方式,除了有理论考试,也要有实践型的机试,还可以以学生提交的作品为考核依据,建立以创造性能力考核为主,常规测试和实际应用能力与专业技术测试相结合的评价体系,促进学生创新能力的发展。

考什么,如何考,作为学生专业学习的终端检测,从某种意义上讲比教什么内容更为重要,因此一定要把好考核质量关,不能让一些考核方式流于形式,影响学风建设。多年来,专业课教学大多数是由任课教师自己出题自己考核,内容和方式有比较大的随意性,教学效果的好坏自己评说,因而教学质量的高低很大程度上取决于教师的责任心。如何建立一套课程考核与评价的监督机制是一个值得深入思考的问题。

第三节 计算机专业教学改革研究策略与措施

杜威的"做中学"教育思想,为计算机专业教育改革解决了一个方法论的问题,在这个方法论基础上的构思、设计、实现、运作教育理念,为计算机教育改革的目标、内容以及操作程序提供了切实可行的指导意见。在推进专业的教育教学改革研究过程中,我们解放思想,放下包袱,根据实际情况,制定和落实各项政策和措施,为专业取得改革成效提供了一个根本保障。基于构思、设计、实现、运作教育理念模式的职业院校计算机专业的教育教学改革研究,是我们对各项教学工作进行梳理、反思和改进的一个过程。

一、更新教育理念,坚定办学特色

任何改革的成功都是从理念革新开始的,人才培养模式的改革和实践是教育思想和教育观念深刻变革的结果。经过组织学习,要求每一个参与者都要准确把握教学改革所依据的教育思想和理念,明确改革的目的和方向,坚定信念,这样才能保证改革持续深入地开展。

构思、设计、实现、运作教育理念模式的大工程理念,强调密切联系产业,培养学生的综合能力,要达到培养目标最有效的途径就是"做中学",即基于项目的学习。在这种学习方式中,学生是学习的主体,教师是学习情境的构造者,是学习的组织者、促进者,并作为学习伙伴中的首席,随时提供给学生学习帮助。这种学习方式的教学组织和策略都发生了很大的变化,要求教师要有更高的专业知识和丰富的工程背景经验。构思、设计、实现、运作教育理念不仅仅强调工程能力的培养,通识教育也同等重要。"做中学"的"做",并非放任自流,而是需要更有效的设计与指导。强调"做中学",并不是要忽视"经验"的学习,而是要处理好专业与基础、理论与实践的关系。只有清楚地认识到这些,教学改革才不会偏离既定的轨道。

随着我国高等教育大众化的发展,各类高等教育机构要形成明确、合理的功能层次分工,地方职业院校应回归工程教育,坚持为地方经济服务,培养高级应用技术人才,在"培养什么样的人"和"怎样培养人"的问题上做出文章,办出特色。

二、完善教学条件,创造良好育人环境

在应用计算机专业的建设过程中,要结合创新人才培养体系的有关要求,紧密结合学科特点,不断完善教学条件。

(1)重视教学基本设施的建设,通过合理规划,积极争取学校资金,用于新建实验室和更新实验设备,以及建设专用多媒体教室、学院专用资料室。实验设备数量充足、教学基本设施齐全,才能满足教学和人才培养的需要。

(2)加强教学软环境建设,在现有专业实验教学条件的基础上,加大案例开发力度,引进真实项目案例,建立实践教学项目库,搭建课程群实践教学环境。

(3)扩展实训基地建设范围和规模,办好"校内""校外"实训基地,搭建大实训体系,形成"教学-实习-校内实训-企业实训"相结合的实践教学体系。

(4)加强校企合作,建立联合实验室,促进业界先进技术在教学中的体现,促进科研对教学的推动作用。

三、建立课程负责人制度,全方位推进课程建设和教材建设

本着夯实基础、强化应用、基于项目化教学的原则,根据培养目标要求,在构思、设计、实现、运作教育理念大纲的指导下,以学生个性化发展为核心,以未来职业需求为导向,大力推进课程建设和教材建设。针对计算机科学与技术专业所需的基础理论和基本工程应用能力,根据前沿性和时代性的要求,构建统一的公共基础课程和专业基础课程,作为专业通识教育学生必须具备的基本知识结构,为专业方向课程模块提供有效支撑,为学生后续学习各专业方向打下坚实的基础。

教材内容要紧扣专业应用的需求，改变"旧、多、深"的状况，贯穿"新、精、少"的原则，在编排上要有利于学生自主学习，着重培养学生的学习能力。一些院校为集中教学团队的师资优势，启动课程建设负责人项目，对课程建设的具体内容、规范做出明确要求，明确了课程建设的职责和经费投入。这些有益经验值得我们借鉴和学习。

四、加强教学研讨和教学管理，突出教法研究

教育教学改革各项政策与措施最终的落脚点在常规的课堂教学上，因此，加强教学研讨和教学管理，是解决教学问题、保证教学质量的根本途径。

定期召开教学研讨会，组织全体教师讨论制订课程教学要点、研究教学方法，针对教学中存在的突出问题，集思广益，解决问题。对于新担任教学任务的教师或者是新开设的课程，要求在开学之初必须面向全体教师做教学方案的介绍，大家共同探讨，共同提高。教学研讨的内容要围绕教材、教学内容的选择、教学组织策略的制订等展开，突出教法研究。

加强教学管理和制度建设，逐步完善学校、学院、教研室三级教学管理体系，并建立教学过程控制与反馈机制。学校要以国家和教育部相关法律、法规为依据，针对教师培训制度、教学管理制度、教学质量检查与评价制度、学生学籍管理制度及学位评定制度等制定一系列文件，并针对教学管理中出现的新情况、新问题，对教学管理相关文件做及时修订、完善和补充。教研室主任则应具体负责每一门的落实情况，把各项规章制度贯穿到底。教学督导组常规的教学检查、每学期都要进行的教学期中检查、学生评教活动等可以有效地保证教学过程的控制，及时获取教学反馈，以便做出实时调整和改进。这些制度和措施，可以有效地保证教学秩序的正常开展和教学质量的提高。

五、加强教师实践能力培养，提高教师专业素质

要实现培养高质量计算机专业应用型人才的目标，应该以现任专业教师为基础，建立一支素质优良、结构合理的"双师型"师资队伍。除了引进或聘用具有丰富工程经验的"双师型"教师之外，还应采取有力措施，鼓励和组织教师参加各类师资培训、学术交流活动，努力提高师资队伍的业务水平和工程能力，不断更新和拓展计算机专业知识，提高专业素养。要鼓励教师积极关注学校发展过程中与计算机相关项目的实施，积极争取学校支持，尽可能把这些与计算机相关的项目放在学校内部立项、实施。另外，还要有计划地安排教师到计算机软件企业实践，了解行业管理知识和新技术发展动态，积累软件开发经验，努力打造"双师型"教师队伍。教师更多地将最新的计算机软件技术和职业技能传授给学生，指导学生进行实践，才能培养学生实践创新的能力。

六、深度开展校企合作，规范完善实训工作的各项规章制度

近年来，一些职业院校积极开展产学合作、校企合作，充分发挥企业在人才培养上的优势，共同合作培养合格的计算机应用型技术人才。学校根据企业需求调整专业教学内容，引进教学资源，改革课程模块，使用案例化教材，开展针对性人才培养；企业共同参与制定实践培养方案，提供典型应用案例，选派具有软件开发经验的工程师指导实践项目；由企业工程

师开设职业素养课，帮助学生了解行业动态，拓宽专业视野，提高职业素养，树立正确的学习观和就业观。与企业共建实习基地，让学生感受企业文化，使学生把所学的知识与生产实践相结合，获得工作经验，完成从学生到员工的角色过渡，企业可以从中培养适合自己的人才。

在与企业进行深度合作的过程中，各种各样的、预想到和未预想到的事情都会发生，为保证实训质量使实训正常持续地开展下去，防患于未然，一些职业院校特别成立软件实训中心，专门负责组织和开展实训工作，制定和规范完善各项实训工作的规章制度及文档，如《软件工程实训方案》《学院实训项目合作协议》《软件工程专业应急预案》《毕业设计格式规范》等，甚至连巡查情况汇报、各种工作记录登记表等都做了规范要求。这些制度和要求的出台，为开展校企合作、组织实训工作、保证实训效果、培养工程型高素质人才起到了保驾护航的作用。

第四章　计算机专业课程建设

计算机专业相对于冶金、化工、机械、数理等传统专业来说是一个比较新的专业，也是目前社会需求比较大的一个专业，但由于知识结构不完全稳定、专业内容变化快、新的理论和技术不断涌现等原因，使得此专业具有十分独特的一面：知识更新快、动手能力强。也许正因为如此，此专业的学生在经过3年的学习后，有一部分知识在毕业时就会显得有些过时，从而导致学生难以快速适应社会的要求，难以满足用人单位的需要。

目前，从清华大学、北京大学等一流大学到一般的地方工科院校，几乎都开设了计算机专业，甚至只要是一所高校，不管什么层次，都设有计算机类的专业。由于各校的师资力量、办学水平和能力差别很大，因此培养出来的学生的规格档次自然也不一样，但纵观我国各高校计算机专业的教学计划和教学内容不难发现，几乎所有高校的教学体系、教学内容和培养目标都差不多，这显然是不合理的，各个学校应针对自身的办学水平进行目标定位和制订相应的教学计划、确定教学体系和教学内容，并形成自己的特色。

职业院校作为培养应用型技术人才的主要阵地，其人才培养应走出传统的"精英教育"办学理念和"学术型"人才培养模式，积极开拓应用型教育，培养面向地方、服务基层的应用型技术人才。计算机专业并非要求知识的全面系统，而是要求理论知识与实践能力的最佳结合，根据经济社会的发展需要，培养大批能够熟练运用知识、解决生产实际问题、适应社会多样化需求的应用型创新人才。基于此，根据职业院校的办学特点，结合社会人才需求的状况，一些职业院校对计算机专业的人才培养进行了重新定位，并调整了培养目标、课程体系和教学内容，以培养出适应市场需求的应用型技术人才。

第一节　人才培养模式与培养方案改革

随着我国市场经济的不断完善和科技文化的快速发展，社会各行各业需要大批不同规格和层次的人才。高等教育教学改革是"为了提高人才培养的质量，提高人才培养质量的核心就是在遵循教育规律的前提下，改革人才培养模式，使人才培养方案和培养途径更好地与人才培养目标及培养规格相协调，更好地适应社会的需要"。

所谓人才培养模式，就是造就人才的组织结构样式和特殊的运行方式。人才培养模式包括人才培养目标、教学制度、课程结构和课程内容、教学方法和教学组织形式、校园文化等诸多要素。人才培养没有统一的模式。就大学组织来说，不同的大学，其人才培养模式具有不同的特点和运行方式。市场经济的发展要求高等教育能培养更多的应用型人才。所谓应用型人才，是指能将专业知识和技能应用于所从事的专业社会实践的一种专门的人才类型，是熟练掌握社会生产或社会活动一线的基础知识和基本技能，主要从事一线生产的技术或专业人才。

应用型人才培养模式的具体内涵是随着高等教育的发展而不断发展的，“应用型人才培养模式是以能力为中心，以培养技术应用型专门人才为目标的”。应用型人才培养模式是根据社会、经济和科技发展的需要，在一定的教育思想指导下，人才培养目标、制度、过程等要素特定的多样化组合方式。

从教育理念上讲，应用型人才培养应强调以知识为基础，以能力为重点，知识、能力素质协调发展。具体培养目标应强调学生综合素质和专业核心能力的培养。在专业方向、课程设置、教学内容、教学方法等方面都应以知识的应用为重点，具体体现在人才培养方案的制定上。

人才培养方案是高等学校人才培养规格的总体设计，是开展教育教学活动的重要依据。随着社会对人才需要的多元化，高等学校培养何种类型与规格的学生，以及他们应该具备什么样的素质和能力，主要依赖于所制定的培养方案，并通过教师与学生的共同实践来完成。随着高等教育教学改革的不断深入，人才培养的方法、途径、过程都在悄然变化，各校结合市场需要规格的变化，都在不断调整培养目标和培养方案。

传统的、单一的计算机科学与技术专业“厚基础、宽口径”教学模式，实际上只适合于精英式教育，与现代多规格人才需求是不相适应的。随着信息化社会的发展，市场对计算机专业毕业生的能力素质需求是具体的、综合的、全面的，用人单位更需要的是与人交流沟通能力（做人）、实践动手能力（做事）、创新思维及再学习能力（做学问）。同时，以创新为生命的IT业，可能比所有其他行业对员工的要求更需要创新、更需要会学习。IT技术的迅猛发展，不可能以单一技术“走遍江湖”，只有与时俱进，随时更新自己的知识，才能有竞争力，才能有发展前途。

计算机专业应用型人才培养定位于在生产一线从事计算机应用系统的设计、开发、检测、技术指导、经营管理的工程技术型和工程管理型人才。这就需要学生具备基本的专业知识、能解决专业一般问题的技术能力，具有沟通协作和创新意识的素养。

为适应市场需求，达到培养目标，某职业院校提出人才培养方案优化思路：以更新教学理念为先导；以培养学生获取知识、解决问题的能力为核心；以优化教学内容、整合课程体系为关键；以课程教学组织方式改革为手段；以多元化、增量式学习评价为保障；以学生知识、能力、素质和谐发展，成为社会需要的合格人才为目的。

基于以上优化思路，在有企业人士参与评审、共建的基础上，某职业院校从以下几个方面对计算机专业的人才培养方案进行了改革。

一、科学地构建专业课程体系

从社会对计算机专业人才规格的需求入手，重新进行专业定位、模块划分、课程设置；从全局出发，采取自上而下、逐层依托的原则，设置选修课程、模块课程体系、专业基础课程，确保课程结构的合理支撑；整合课程数，或去冗补缺，或合并取精，优化教学内容，保证内容的先进性与实用性;合理安排课时与学分,充分体现课内与课外、理论与实践、学期与假期、校内与校外学习的有机融合,使学生获得自主学习、创新思维、个性素质等协调发展的机会。

(一)设置了与人才规格需求相适应的、较宽泛的选修课程平台

有大量选修课程提供了与市场接轨的训练平台,为学生具备多种工作岗位的素质要求打下基础,如软件外包、行业沟通技巧、流行的 J2EE、. NET 开发工具、计算机新技术专题等。

(二)设置了人才需求相对集中的 5 个专业方向

设置了人才需求相对集中的 5 个专业方向:①软件开发技术(C/C++方向);②软件开发技术(Java 方向);③嵌入式方向;④软件测试方向;⑤数字媒体方向。每一方向有 7 门课程,自成体系,方向分流由原来的 3 年级开始,提前到 2 年级下学期,以增强学生的专业意识,提高专业能力。

(三)更新了专业基础课程平台

去冗取精,适当减少了线性代数、概率与数理统计等数学课程的学分,要求教学内容与专业后续所需相符合;精简了公共专业基础课程平台,将部分与方向结合紧密的基础课程放入了专业方向课程之中,如电子技术基础放入了嵌入式技术模块;增加了程序设计能力培养的课程群学分,如程序设计基础、数据结构、面向对象程序设计等。从学分与学时上减少了课堂教学时间,增大了课外自主探索与学习时间,以便更好地促进学生自主学习、合作讨论和创新锻炼。

二、优化整合实践课程体系,以培养学生专业核心能力为主线

根据当地发展对计算机专业学生能力的需求来设计实践类课程。为了更好地培养学生专业基本技能、专业实用能力及综合应用素质,在原有的实践课程体系基础上,除了加大独立实训和课程设计外,上机或实验比例大大增加,仅独立实践的时间就达到 46 周,加上课程内的实验,整个计划的实践教学比例高达 45%左右,而且在实践环节中强调以综合性、设计性、工程性、复合性的“项目化”训练为主体内容。

三、重新规划素质拓展课程体系

素质拓展体系是实践课程体系的课外扩充,目的是培养学生参与意识、创新能力、竞争水平。在原有的社会实践、就业指导基础上,结合专业特点,设计了依托学科竞赛和专业水平证书认证的各种兴趣小组和训练班,如全国软件设计大赛训练班、动漫设计兴趣小组、多媒体设计兴趣班、软件项目研发训练梯队等,为学生能够参与各种学科竞赛、获取专业水平认证、软件项目开发等提供平台,为学生专业技术水平拓展、团队合作能力训练、创新素质培养提供了机会。

四、加强培养方案的实施与保障

人才培养方案制定后,如何实施是关键。为了保证培养方案的有效实施,要加强以下几

方面的保障。

(一)加强师资队伍建设

培养高素质应用型人才，首先需要高素养、“双师型”的师资队伍。教师不仅能传授知识，能因材施教，教书育人，而且要具有较强的工程实践能力，通过参加科研项目、工程项目，以提高教育教学能力。为此，学校、学院制定了一系列的科研与教学管理规章制度和奖励政策，积极组建学科团队、教学团队及项目组，加强教师之间的合作，激励其深入学科研究、加强教学改革。

(二)注重课程及课程群建设的研究

课程建设是教学计划实施的基本单元，主要包括课程内容研究、实验实践项目探讨、课程网站及资源库建设、教材建设等。目前，基于区、校级精品课程与重点课程的建设，已经对“计算机导论”“程序设计基础”“数据结构”“数据库技术”“软件工程”等基础课程实施研究，以课程或课程群为单位，积极开展研究研讨活动，形成了有实效、能实用的教学内容、实验和实践项目，建设了配套资源库和课程网站，涵盖多种版本的教材，包括区级重点建设教材。下一步，由基础课程向专业课程推进，促进专业所有相关课程或课程群的建设研究。

(三)改革教学组织形式与教学方法

传统的以课堂为教学阵地，以教师为教学主体的教学组织形式，不适合于信息时代的教育规律。课堂时间是短暂的，教师个人的知识是有限的，要想掌握蕴涵大量学科知识的信息技术，只有学习者积极参与学习过程，养成自主获取知识的良好习惯，通过小组合作讨论发现问题、解决问题、提高能力，即合作性学习模式。本专业目前已经在“计算机导论”“软件工程”等所有专业基础课、核心课中实施了合作式的教学组织形式，师生们转变了教学理念，积极参与教学过程，多方互动，教学相长，所取得的经验正逐步推广到专业其他课程中去。

(四)加强实践教学，进一步深化“项目化”工程训练

除了必备的基本理论课以外，所有专业课程都有配套实验，而且每门实验必须有综合性实验内容。结合课程实验、课程设计、综合实训、毕业实习、毕业设计等，形成了基于能力培养的有效的实践课程体系。依托当地新世纪教育教学改革项目的建设，大部分实践课程实施了“项目化”管理，引入了实际工程项目为内容，严格按照项目流程运作和管理，学生不仅将自己的专业知识应用到实际，得到了“真实”岗位角色的训练，团队合作、与用户沟通的真实体验，而且收获了劳动成果。

(五)构建多元化评价机制

基于合作性学习模式的评价机制，是多元评价主体之间积极的相互依赖、面对面的促进性互动、个体责任、小组技能的有机结合，具体体现在学生自我评价、小组内部评价、教师团队评价、项目用户评价等，注重参与性、过程性，具有增量式、成长性，是因材施教、素质教育的保障。这种评价方式已经在本专业所有“项目化”训练的实践课程中、在基于合作式学习课程中实施。学生反馈信息表明，这种评价比传统的、单一的知识性评价更科学合理，他们不仅没有了应付性的投机取巧心理，而且对学习更有兴趣，能主动参与，学习能力和综合素质自然就提高了。这种评价机制正逐步在所有课程中推广应用。

第二节　课程体系设置与改革

一、课程体系的设置

课程体系设置得科学与否，决定着人才培养目标能否实现。如何根据经济社会发展和人才市场对各专业人才的真实要求，科学合理地调整各专业的课程设置和教学内容，建构一个新型的课程体系，一直是我们努力探索、积极实践的核心。各高校计算机专业将课程体系的基本取向定位为强化学生应用能力的培养和训练。某高等院校借鉴国内外名校和兄弟院校课程体系的优点，重新设计了计算机专业的课程体系。

本专业的课程设置体现了能力本位的思想，体现了以职业素质为核心的全面素质教育培养，并贯穿于教育教学的全过程。教学体系充分反映职业岗位资格要求，以应用为主旨和特征构建教学内容和课程体系；基础理论教学以应用为目的，以“必须、够用”为度，加大实践教学的力度，使全部专业课程的实验课时数达到该课程总时数的30%以上；专业课程教学加强针对性和实用性，教学内容组织与安排融知识传授、能力培养、素质教育于一体，针对专业培养目标，进行必要的课程整合。

（一）遵循CCSE(计算科学与工程中心)规范要求，按照初级课程、中级课程和高级课程部署核心课程

(1)初级课程解决系统平台认知、程序设计、问题求解、软件工程基础方法、职业社会、交流组织等教学要求，由“计算机学科导论”“高级语言程序设计”“面向对象程序设计”“软件工程导论”“离散数学”“数据结构与算法”等6门课程组成。

(2)中级课程解决计算机系统问题，由“计算机组成原理与系统结构”“操作系统”“计算机网络”“数据库系统”等4门课程组成。

(3)高级课程解决软件工程的高级应用问题，由软件改造、软件系统设计与体系结构、软件需求工程、软件测试与质量、软件过程与管理、人机交互的软件工程方法、统计与经验方法等内容组成。

（二）覆盖全软件工程生命周期

(1)在初级课程阶段，把软件工程基础方法与程序设计相结合，体现软件工程思想指导下的个体和小组级软件的设计与实施。

(2)在高级课程阶段，覆盖软件需求、分析与建模、设计、测试、质量、过程、管理等各个阶段，并将其与人机交互领域相结合。

（三）以软件工程基本方法为主线改造计算机科学传统课程

(1)把从数字电路、计算机组成、汇编语言、I/O例程、编译、顺序程序设计在内的基本知

识重新组合,以 C/C++语言为载体,以软件工程思想为指导,设置专业基础课程。

(2)把面向对象方法与程序设计、软件工程基础知识、职业与社会、团队工作、实践等知识融合,统一设计软件工程及其实践类的课程体系。

(四)改造计算机科学传统课程以适应软件工程专业教学需要

除"离散数学""数据结构与算法""数据库系统"等少量课程之外,进行了如下改革:

(1)更新传统课程的教学内容,具体来说:精简"操作系统""计算机网络"等课程原有教学内容,补充系统、平台和工具相关内容;以软件工程方法为主线改造人机交互课程;强调统计知识改造概率统计为统计与经验方法。

(2)在核心课程中停止部分传统课程,具体来说:消减硬件教学,基本认知归入"计算机学科导论"和"计算机组成原理与系统结构"(对于嵌入式等方向针对课程群予以补充强化);停止"编译原理",基本认知归入"计算机语言与程序设计",基本方法归入"软件构造";停止"计算机图形学"(放入选修课);停止传统核心课程中的课程设计,与软件工程结合归入项目实训环节。

(五)课程融合

把职业与社会、团队工作、工程经济学等软技能知识教学与其他知识教育相融合,归入"软件工程""软件需求工程""软件过程与管理""项目实训"等核心课程。

(六)强调基础理论知识教学与企业需求的辩证统一

基础理论知识教学是学生可持续发展的自学习能力的基本保障,是软件产业知识快速更新的现实要求,对业界工作环境、方法与工具的认知是学生快速融入企业的需要。因此,课程体系、核心课程和具体课程设计均须体现两者融合的特征,在强化基础的同时,有效融入企业界主流技术、方法和工具。

在现有的基础上,进一步完善知识、能力和综合素质并重的应用型人才的培养方案,引进、吸收国外先进教学体系,适应国际化软件人才培养的需要。创新课程体系,加强教学资源建设,从软硬两方面改善教学条件,将企业项目引进教学课程。加大实践教学学时比例,使实验、实训比例达到 1/3 以上,以项目为驱动实施综合训练。

二、课程体系的模块化

在本专业的课程体系建设中,结合就业需求和计算机专业教育的特点,打破传统的"三段式"教学模式,建立了由基本素质教育模块、专业基础模块和专业方向模块组成的模块化课程体系。

(一)基本素质模块

基本素质模块涵盖了知法、守法、用法能力,语言文字能力,数学工具使用能力,信息收集处理能力,思维能力,合作能力,组织能力,创新能力,以及身体素质、心理素质等诸多方面的教育,教学目标是重点培养学生的人文基础素质、自学能力和创新创业能力,主要任务是教育学生学会做人。基本素质模块应包含数学模块、人文模块、公共选修模块、语言模块、综合素质模块等。

(二)专业基础模块

专业基础模块主要是培养学生从事某一类行业(岗位群)的公共基础素质和能力,为学生的未来就业和终身学习打下牢固的基础,提高学生的社会适应能力和职业迁移能力。专业基础模块课程主要包含专业理论模块、专业基本技能模块和专业选修模块。具体来讲,专业理论模块包含“计算机基础”“程序设计语言”“数据结构与算法”“操作系统”“软件工程和数据库技术基础”等课程;专业基本技能模块包括“网络程序设计”“软件测试技术 Java 程序设计”“人机交互技术”“软件文档写作”等课程。

专业基础模块课程的教学可以实行学历教育与专业技术认证教育的结合,实现双证互通,如结合全国计算机等级考试、各专业行业认证等,使学生掌握从事计算机各行业工作所具备的最基本的硬件、软件知识,而且能使学生具备专业最基本的技能。

(三)专业方向模块

专业方向模块主要是培养学生从事某一项具体的项目工作,以培养学生直接上岗能力为出发点,实现本科教育培养应用型、技能型人才的目标。如果说专业基础模块注重的是从业未来及其变化因素,强调的是专业宽口径,就业定向模块则注重就业岗位的现实要求,强调的是学生的实践能力。掌握一门乃至多门专业技能是提高学生就业能力的关键。

专业方向模块课程主要包括专业核心课程模块、项目实践模块、毕业实习等,每个专业的核心专业课程一般由 5~6 门组成,充分体现精而专、面向就业岗位的特点。

第三节　实践教学

实践是创新的基础,实践教学是教学过程中的重要环节,而实验室则是学生实践环节教学的主要场所。构建科学合理培养方案的一个重要任务是要为学生构筑一个合理的实践教学体系,并从整体上策划每个实践教学环节。应尽可能为学生提供综合性、设计性、创造性比较强的实践环境,使每个学生在 3 年中能经过多个实践环节的培养和训练,这不仅能培养学生扎实的基本技能与实践能力,而且对提高学生的综合素质大有好处。

实验室的实践教学,只能满足课本内容的实习需要,但要培养学生的综合实践能力和适应社会需求的动手能力,必须让学生走向社会,到实际工作中去锻炼、去提高、去思索,这也是职业院校学生必须走出的一步,是学生必修的一课。某职业院校就实践教学提出了自己的规划与安排,可供我们借鉴。

一、实践教学的指导思想与规划

在实践教学方面,努力践行“卓越工程人才”培养的指导思想,具体用“一个教学理念、两个培养阶段、三项创新应用、四个实训环节、五个专业方向、八条具体措施”来加以概括。

(一)一个教学理念

一个教学理念,即确立工程能力培养与基础理论教学并重的教学理念,把工程化教学和职业素质培养作为人才培养的核心任务之一,通过全面改革人才培养模式、调整课程体系、充实教学内容、改进教学方法,建立计算机专业的工程化实践教学体系。

(二)两个培养阶段

两个培养阶段,即把人才培养阶段划分为工程化教学阶段和企业实训阶段。在工程化教学阶段,一方面对传统课程的教学内容进行工程化改造,另一方面根据合格软件人才所应具备的工程能力和职业素质专门设计了4门阶梯状的工程实践学分课程,从而实现了课程体系的工程化改造。在实训阶段,要求学生参加半年全时制企业实习,在真实环境下进一步培养学生的工程能力和职业素质。

(三)三项创新应用

(1)运用创新的教学方法。采用双语教学、实践教学和现代教育技术,重视工程能力、写作能力、交流能力、团队能力等综合素质的培养。

(2)建立新的评价体系。将工程能力和职业素质引入人才素质评价体系,将企业反馈和实习生/毕业生反映引入教学评估体系,以指导教学。

(3)以工程化理念指导教学环境建设。通过建设与业界同步的工程化教育综合实验环境及设立实习基地,为工程实践教学提供强有力的基础设施支持。

(四)四个实训环节

针对合格的工程化软件设计人才所应具备的个人开发能力、团队开发能力、系统研发能力和设备应用能力,设计了4个阶段性的工程实训环节:

(1)程序设计实训:培养个人级工程项目开发能力。

(2)软件工程实训:培养团队合作级工程项目研发能力。

(3)信息系统实训:培养系统级工程项目研发能力。

(4)网络平台实训:培养开发软件所必备的网络应用能力。

(五)五个专业方向

(1)软件开发技术(C/C++方向)。

(2)软件开发技术(Java方向)。

(3)嵌入式方向。

(4)软件测试方向。

(5)数字媒体方向。

(六)八条具体措施

(1)聘请软件企业的资深工程师,开设软件项目实训系列课程。例如,将若干学生组织成一个项目开发团队,学生分别担任团队成员的各种职务,在资深工程师的指导下,完成项目的开发，使学生真实地体会到了软件开发的全过程。在这个过程中，多层次、多方向地集中、强化训练，注重培养学生实际应用能力。另外，引入暑期学校模式，强调工程实践，采用小班模式进行教学安排。

（2）创建校内外软件人才实训基地。学院积极引进软件企业提供实训教师和真实的工程实践案例，学校负责基地的组织、协调与管理的创新合作模式，强化学生工程实践能力的培养。安排学生到校外软件公司实习实训，在实践中学习和提高能力，同时通过实训快速积累经验，以适应企业的需要。

（3）要求每个学生在实训基地集中实训半年以上。在颇具项目开发经验的工程师的指导下，通过最新软件开发工具和开发平台的训练以及实际的大型应用项目的设计，提高学生的程序设计和软件开发能力。另外，实训基地对学生按照企业对员工的管理方式进行管理（如上下班打卡、佩戴员工工作牌、团队合作等），使学生提前感受到企业对员工的要求，在未来择业、就业以及工作中能够比较迅速地适应企业的文化和规则。

（4）引进战略合作机构，把学生的能力培养和就业、学校的资源整合、实训机构的利益等捆绑在一起，形成一个有机的整体，弥补高校办学的固有缺陷（如师资与设备不足、市场不熟悉、就业门路窄、项目开发经验有欠缺等），开拓一个全新的办学模式。

（5）加强实训中心的管理，在实验室装备和运行项目管理、支持等方面探索新的思路和模式，更好地发挥实训中心的功能和作用。

（6）在课程实习、暑假实习和毕业设计等环节进行改革，探索高效的工程训练内容设计、过程管理新机制。做到“走出去”（送学生到企业实习）和“请进来”（将企业好的做法和项目引进到校内）相结合。

（7）办好“校内”“校外”两个实训基地建设，在校内继续凝练、深化“校内实习工厂”的建设思路，并和软件公司建设校外实训基地。

（8）加强第二课堂建设，同更多的企业共建学生第二课堂。学院不仅提供专门的场地，而且提供专项经费支持学生的创新性活动和工程实践活动。加大学生科技立项和科技竞赛等的组织工作，在教师指导、院校两级资金投入方面进行建设，做到制度保证。

要强化学生理论与实践相结合的能力，就必须形成较完备的实践教学体系。将实践教学体系作为一个系统来构建，追求系统的完备性、一致性、健壮性、稳定性和开放性。

按照人才培养的基本要求，教学计划是一个整体。实践教学体系只能是整体计划的一部分，是一个与理论教学体系有机结合的、相对独立的完整体系。只有这样，才能使实践教学与理论教学有机结合，构成整体。

计算机专业的基本学科能力可以归纳为计算思维能力、算法设计与分析能力、程序设计与实现能力、系统能力。其中的系统能力是指计算机系统的认知、分析、开发与应用能力，也就是要站在系统的观点上去分析和解决问题，追求问题的系统求解，而不是被局部的实现所困扰。

要努力树立系统观，培养学生的系统眼光，使他们学会考虑全局、把握全局，能够按照分层模块化的基本思想，站在不同的层面上去把握不同层次上的系统，要多考虑系统的逻辑，强调设计。

实践环节不是零散的一些教学单元，不同专业方向需要根据自身的特点从培养创新意识、工程意识、工程兴趣、工程能力或者社会实践能力出发，对实验、实习、课程设计、毕业设计等实践性教学环节进行整体、系统的优化设计，明确各实践教学环节在总体培养目标中的作用，把基础教育阶段和专业教育阶段的实践教学有机衔接，使实践能力的训练构成一个体系，与理论课程有机结合，贯彻于人才培养的全过程。

追求实验体系的完备、相对稳定和开放，体现循序渐进的要求，既要有基础性的验证实验，还要有设计性和综合性的实验和实践环节。在规模上，要有小、中、大；在难度上，要有低、中、高。在内容要求上，既要有基本的要求，还要有更高的要求，通过更高要求引导学生进行更深入的探讨，体现实验题目的开放性。这就要求内容：既要包含硬件方面的，又要包含软件方面的；既要包含基本算法方面的，又要包含系统构成方面的；既要包含基本系统的认知、设计与实现方面的，又要包含应用系统的设计与实现方面的；既要包含系统构建方面的，又要包含系统维护方面的；既要包含设计新系统方面的，又要包含改造老系统方面的。

从实验类型上来说，需要满足人们认知渐进的要求，要含有验证性的、设计性的、综合性的实验，要注意各种类型的实验中含有探讨性的内容。

从规模上来说，要从小规模的开始，逐渐过渡到中规模、较大规模上。关于规模的度量，就程序来说，大体上可以按行计，小规模的以十计，中规模的以百计，较大规模的以千计。包括课外的训练在内，从一年级到三年级，每年的程序量依次大约为 5 000 行、1 万行、1.5 万行。这样，通过 3 年的积累，可以达到 3 万行的程序量。作为最基本的要求，至少应该达到 2 万行。

二、实践体系的设计与安排

总体上，实践体系包括课程实验、课程实训与综合实训、专业实习、课外和社会实践以及毕业设计。在一个教学计划中，不包括适当的课外自习学时，其中课程实验至少 14 学分，按照 16 个课内学时折合 1 学分计算，共计 224 个课内学时；另外，综合课程设计 4 周、专业实习 4 周、毕业实习和设计 16 周，共计 24 周，按照每周 1 学分，折合 24 学分。

（一）课程实验

课程实验分为课内实验和与课程对应的独立实验课程。它们的共同特征是对应于某一门理论课设置。不管是哪一种形式，实验内容和理论教学内容的密切相关性要求这类实验是围绕着课程进行的。

课内实验主要用来使学生更好地掌握理论课上所讲的内容。具体的实验也是按简单到复杂的原则安排的，通常和理论课的内容紧密结合就可以满足此要求。在教学计划中，实验作为课程的一部分出现。

（二）课程实训与综合实训

课程实训是指和课程相关的某项实践环节，更强调综合性、设计性。无论从综合性、设计性要求，还是从规模上讲，课程实训的复杂度都高于课程实验。特别是，课程实训在于引导学生迈出将所学的知识用于解决实际问题的第一步。

课程实训可以是以一门课程为主的，也可以是多门课程综合的，统称为综合实训。综合实训是将多门课程所相关的实验内容结合在一起，形成具有综合性和设计性特点的实验内容。综合课程设计一般为单独设置的课程,其中课堂教授内容仅占很少部分的学时,大部分课时用于实验过程。

综合实训在密切学科课程知识与实际应用之间的联系,整合学科课程知识体系,注重系统性、设计性、独立性和创新性等方面具有比单独课内实验更有效和直接的作用。同时还可以更有效地充分利用现有的教学资源,提高教学效益和教育质量。

综合实训不仅强调培养学生具有综合运用所学的多门课程知识解决实际问题的能力,更加强调系统分析、设计和集成能力,以及强化培养学生的独立实践能力和良好的科研素质。

各个方向也可以有一些更为综合的课程实训。课程实训可以集中地安排在1～2周内完成,也可以根据实际情况将这1～2周的时间分布到一个学期内完成。更大规模的综合实训可以安排更长的时间。

(三)专业实习

专业实习可以有多种形式:认知实习、生产实习、毕业实习、科研实习等,这些环节都是希望通过实习,让学生认识专业、了解专业,不过各有特点,各校实施中也各具特色。

通常,实习在于通过让学生直接接触专业的生产实践活动,能够真正了解、感受未来的实际工作。计算机科学与技术专业的学生,选择IT企业、大型研究机构等作为专业实习的单位是比较恰当的。

根据计算机专业的人才培养需要,建设相对稳定的实习基地。作为实践教学环节的重要组成部分,实习基地的建设起着重要的作用。实习基地的建设要纳入学科和专业的有关建设规划,定期组织学生进入实习基地进行专业实习。

学校定期对实习基地进行评估,评估内容包括接收学生的数量、提供实习题目的质量、管理学生实践过程的情况、学生的实践效果等。

实习基地分为校内实习基地和校外实习基地两类,它们应该各有侧重,相互补充,共同承担学生的实习任务。

(四)课外和社会实践

将实践教学活动扩展到课外,可以进一步引导学生开展广泛的课外研究学习活动。

对有条件的学校和学有余力的学生,鼓励参与各种形式的课外实践,鼓励学生提出和参与创新性题目的研究。主要形式包括:①高年级学生参与科研;②参与ACM程序设计大赛、数学建模、电子设计等竞赛活动;③科技俱乐部、兴趣小组、各种社会技术服务等;④其他各类与专业相关的创新实践。

教师要注意给学生适当的引导,特别要注意引导学生不断地提升研究问题的层面,面向未来,使他们打好基础,培养可持续发展的能力,反对只注意让学生"实践"而忽视研究,总在同一个水平上重复。

课外实践应有统一的组织方式和相应指导教师,考核可根据不同情况,依据学生的竞赛成绩、总结报告或与专业有关的设计、开发成果进行。

社会实践的主要目的是让学生了解社会发展过程中与计算机相关的各种信息,将自己所学的知识与社会的需求相结合，增加学生的社会责任感，进一步明确学习目标，提高学习的积极性，同时也取得服务社会的效果。社会实践具体方式包括：①组织学生走出校门进行社会调查，了解目前计算机专业在社会上的人才需求、技术需求或某类产品的供求情况；②到基层进行计算机知识普及、培训，参与信息系统建设；③选择某个专题进行调查研究，写出调查报告等。

（五）毕业设计

毕业设计（论文）环节是学生学习和培养的重要环节，通过毕业设计（论文），学生的动手能力、专业知识的综合运用能力和科研能力得到很大的提高。学生在毕业设计或论文撰写的过程中往往需要把学习的各个知识点贯穿起来，形成对专业方向的清晰思路，尤其对计算机专业学生，这对毕业生走向社会和进一步深造起着非常重要的作用，也是培养优秀毕业生的重要环节之一。

学生毕业论文（设计）选题以应用性和应用基础性研究为主，与学科发展或社会实际紧密结合。一方面，要求选题多样化，向拓宽专业知识面和交叉学科方向发展。教师结合自己的纵向、横向课题提供题目，也鼓励学生自己提出题目，尤其是有些同学的毕业设计可以与自己的科技项目结合。学生也可到 IT 企业做毕业设计，结合企业实际，开展设计和论文。另一方面，要求设计题目难度适中且有一定创意，强调通过毕业设计的训练，使学生的知识综合应用能力和创新能力都得到提高。

在毕业设计的过程中注重训练学生总体素质，创造环境，营造良好的学习氛围，促使学生积极主动地培养自己的动手能力、实践能力、独立的科研能力、以调查研究为基础的独立工作能力以及自我表达能力。

为在校外实训基地实习的同学配备校内指导老师和校外指导老师，指导学生进行毕业设计，鼓励学生以实践项目作为毕业设计题目。

该职业院校的计算机专业十分重视毕业设计（论文）的选题工作，明确规定，偏离本专业所学基本知识、达不到综合训练目的的选题不能作为毕业设计题目，提倡结合工程实际真题真做，毕业设计题目大多来自实际问题和科研选题，与生产实际和社会科技发展紧密结合，具有较强的系统性、实用性和理论性。近年来，结合应用与科研的选题超过 90%，大部分题目需要进行系统设计、硬件设计、软件设计，综合性比较强，分量较重。这些选题使学生在文献检索与利用、外文阅读与翻译、工程识图与制图、分析与解决实际问题、设计与创新等方面的能力得到了较大的锻炼和提高，能够满足综合训练的要求，达到本专业的人才培养目标。

第四节　课 程 建 设

课程教学作为职业教育的主渠道，对培养目标的实现起着决定性的作用。课程建设是一项系统工程，涉及教师、学生、教材、教学技术手段、教育思想和教学管理制度。课程建设规划反映了各校提高教育教学质量的战略和学科、专业特点。

计算机专业的学生就业困难，不是难在数量多，而是困在质量不高，与社会需求脱节。

通过课程建设与改革,要解决课程的趋同性、盲目性、孤立性,以及不完整、不合理交叉等问题,改变过分追求知识的全面性而忽略人才培养的适应性的倾向。下面是某职业院校提出的课程建设策略。

一、夯实专业基础

针对计算机专业所需的基础理论和基本工程应用能力,构建统一的公共基础课程和专业基础课程,作为各专业方向学生必须具有的基本知识结构,为专业方向课程模块提供有效支撑,为学生后续学习各专业方向打下坚实的基础。

二、明确方向内涵

将各专业方向的专业课程按一定的内在关联性组成多个课程模块,通过课程模块的选择、组合,构建出同一专业方向的不同应用侧重,使培养的人才紧贴社会需求,较好地解决本专业技术发展的快速性与人才培养的滞后性之间的矛盾。

三、强化实际应用

为加强学生专业知识的综合运用能力和动手能力,减少验证性实验,增加设计性实验,所有专业限选课都设有综合性、设计性实验,还增设了“高级语言程序设计实训”“数据结构和算法实训”“面向对象程序设计实训”“数据库技术实训”等实践性课程。根据行业发展的情况、用人单位的意向及学生就业的实际需求,拟定具有实际应用背景的毕业设计课题。

通过多年的探索和实践,课程内容体系的整合与优化在思路方法上有较大突破。课程建设效果明显,已经建成区级精品课程 2 门,校级精品课程 3 门,并制订了课程建设的规划。

作为计算机专业应用型人才培养体系的重要组成部分,课程建设规划制订时要注意以下几个方面:①建立合理的知识结构,着眼于课程的整体优化,反映应用型的教学特色;②在构建课程体系、组织教学内容,实施创新与实践教学、改革教学方法与手段等方面进行系统配套的改革;③安排教学内容时,要将授课、讨论、作业、实验、实践、考核、教材等教学环节作为一个整体统筹考虑,充分利用现代化教育技术手段和教学方式,形成立体化的教学内容体系;④重视立体化教材的建设,将基础课程教材、教学参考书、学习指导书、实验课教材、实践课教材、专业课程教材配套建设,加强计算机辅助教学软件、多媒体软件、电子教案、教学资源库的配套建设;⑤充分利用校园资源环境,进行网上课程系统建设,使专业教学资源得到进一步优化和组合;⑥重视对国外著名高校教学内容和课程体系改革的研究,继续做好国外优秀教材的引进、消化、吸收工作。

第五节　教 学 管 理

以某高等院校的教学管理为例,汲取其中的有益经验,总结如下。

一、教学制度

在学校、系、部和教研室的共同努力下,完善教学管理和制度建设,逐步完善了三级教学管理体系。

(一)校级教学管理

学校形成完整、有序的教学运行管理模式,包括建设质量监控队伍,建立教学管理制度、教学工作的沟通及信息反馈渠道等。学校教务处负责全校教学、学生学籍、教务、实习实训等日常管理工作,同时设有教学指导委员会、学位评定委员会、教学督导组等,对各系的教学工作进行全面监督、检查和指导。

学校教务管理系统实现了学生网上选课、课表安排及成绩管理等功能。在学校信息化建设的支持下,教学管理工作网络化已实行了多年,平时的教学管理工作,如学籍管理、教学任务下达和核准、排课、课程注册、学生选课、提交教材、课堂教学质量评价等均在校园网上完成,网络化的平台不仅保障了学分制改革的顺利进行,同时也提高了工作效率。同时,也为教师和学生提供了交流的平台,有力地配合了教学工作的开展。

学校制定了学分制、学籍、学位、选课、学生奖贷、考试、实验、实习及学生管理等制度和规范,并严格执行。在学生管理方面,对学生德、智、体综合考评,大学生体育合格标准,导师、辅导员工作,学生违纪处分,学生考勤,学生宿舍管理及学生自费出国留学等都做了规定。

(二)系级教学管理

计算机工程系自成立以来,由系主任、主管教学的副主任、教学秘书和教务秘书等负责全系的教学管理工作,主要负责制订和实施本系教育发展建设规划、组织教育教学改革研究与实践、修订专业培养方案、制定本系教学工作管理规章制度、建立教学质量保障体系、进行课堂内外各个环节的教学检查、监督协调各教研室教学工作的实施等。系里负责教学计划与任课教师的管理、日常及期中教学检查、学生成绩及学籍处理以及教学文件的保存等。

(三)教研室级教学管理

系下设多个教研室,负责专业教学管理,修订教学计划,落实分配教学任务,管理专业教学文件,组织教学研究活动与教育教学改革、课程建设、编写修订课程教学大纲及实验大纲,协助开展教学检查,负责教师业务考核及青年教师培养,等。

二、过程控制与反馈

计算机学院设有教学指导委员会(由学院党政负责人、各专业系负责人等组成),负责制定专业教学规范、教学管理规章制度、政策措施等。学校和学院建有教学质量保障体系,学校聘请具有丰富教学经验的离退休老教师组成教学督导组,负责全校教学质量监督和教学情况检查等。通过每学期教学检查、毕业设计题目审查、中期检查、抽样答辩、教学质量和教学效果抽查、学生评价等环节,客观地对教育工作质量进行有效的监督和控制。

由于校、院、系各级教学管理部门实行严格的教学管理制度,采用计算机网络等现代手段使管理科学化,提高了工作效率,教学管理人员尽职尽责、素质较高,教学管理严格、规范、有序,为保证教学秩序和提高教学质量起到了重要作用。

(一)教学管理规章制度健全

学校以国家和教育部相关法律、法规为依据,针对教师培训制度、教学管理制度、教学质量检查与评价制度、学生学籍管理制度以及学位评定制度等制定了一系列文件,并针对教学管理中出现的新情况、新问题,对教学管理相关文件做及时修订、完善和补充。

在学校现有规章制度的基础上,根据实际情况和工作需要,计算机学院又配套制定了一系列强化管理措施,如《计算机工程系"十二五"学科专业建设发展规划》《计算机工程系教学管理工作人员岗位职责》《计算机工程系专任教师岗位职责》《计算机工程系实训中心管理人员岗位职责》《计算机工程系课堂考勤制度》《计算机工程系毕业设计(论文)工作细则》《计算机工程系教学奖评选方法》《计算机工程系课程建设负责人制度》等。

(二)严格执行各项规章制度

学校形成了由院长、分管教学副院长、职能处室(教务处、学生处等)、系部的分级管理组织机构,实行校系多级管理和督导,教师、系部、学校三级保障的机制,健全的组织机构为严格执行各项规章制度提供了保证。

学校还采取全面的课程普查,组织校领导、督导组专家听课,每学期第一周(校领导带队检查)、中期(教务处检查)、期末教学工作年度考核等措施,保证规章制度的执行。

学校教务处坚持工作简报制度,做到上下通气、情况清楚、奖惩分明。对于学生学籍变动、教学计划调整、课程调整等实施逐级审批制,对在课堂教学、实践教学、考试、教学保障等各方面造成教学事故的人员给予严肃处理,对优秀师生的表彰奖励及时到位。

教学规章制度的严格执行,使学院树立了良好的教风和学风,使教学秩序井然,教学质量稳步提高,为实现本专业人才培养目标提供了有效保障。

第五章　校企深度合作办学

第一节　计算机教育校企合作办学的必然选择

从英国的工业革命开始，计算机人才对经济的发展一直起着巨大的推进作用。美国国家工程院院长曾指出："具有最好计算机人才的国家占据着经济竞争和产业优势的核心地位"。从20世纪90年代开始，为应对计算机人才的短缺和工程教育质量不能适应产业界需求的问题，众多国家掀起了计算机教育改革的浪潮，改革影响深远。

计算机人才短缺的全球性，可以从两个方面反映出来。首先是数量。西方国家虽然对计算机人才的培养很重视，但现在有的年轻人对选读计算机专业已经不是很感兴趣。其次是质量。产业界聘用的大学毕业生有的动手能力较弱，缺乏实践经验，只想搞研究，而不愿意做工程师该做的具体工作。他们好高骛远，大事做不来，小事不会做。大学培养出来的已经不是软件工程师，而是搞计算机研究的人，这对美国经济发展已经产生了非常不利的影响。

对于计算机教育质量，企业的共同反映是：毕业生普遍缺乏对现代企业工作流程和文化的了解，上岗适应慢，缺乏团队工作经验，沟通能力、动手能力较差，缺乏创新精神和创新能力，职业道德、敬业精神等人文素质薄弱。凡此种种，皆难以适应现代企业的需要。因此，在西方，计算机教育存在两个问题：一是生源不足，造成了计算机教育的危机；二是质量问题，脱离了产业实际。

在中国，这个情况应该说更加严重，尤其是理论脱离实际、实践环节薄弱、产学脱节的问题。可以说，中国的计算机教育从理念、机制、师资等众多方面都存在着与产业和社会发展脱节的问题，严重影响了人才培养的质量，已经不能满足中国产业升级的需要。

究其原因，首先是受中国传统的教育思想和理念影响。在教学方法上，中国通行的是以教师为中心、以课堂讲授为主，以理论考试成绩评价学生的模式。社会的转型也给中国的教育带来了影响。中国的高等计算机专业教育从中华人民共和国成立前的通识教育，到20世纪50年代学习苏联，院系调整后的分科很细的专业教育，又回到20世纪90年代末至今的通识教育。但教育工作者对如何兼顾通识教育与专业教育、兼顾理论与实践未能厘清。一些人认为，通识教育就是强调基础科学理论、弱化专业内容和工程实践，基础打得越宽越好，理论学得越多越好，什么知识都学一些，什么工作都能应付。这种弱化教学中实践环节的通识教育，造成了忽视产业实践和工程训练、忽视学生能力的培养的后果，培养出的学生只能了解一些表面的理论，不会应用，没有实践能力，根本无法满足产业的需要。在办学机制上，一些职业院校大多是关门办学，缺乏跟产业和社会的沟通互动。不少学校也与产业界有联系，但产业界对教育的目标、过程、方法没有深刻影响；众多的教学指导委员会，成员几乎清一色是教授，没有产业界的代表。职业院校不去倾听企业的声音，却要一厢情愿地为它们提供“人才产品”，这是一件不可思议的事情，这样的工程教育难以满足产业需求是必然的。而且，在中国最需要产业经验的职业院校教师中，大多数都是从校门到校门，都是高学历出身，没有产业经验，缺乏和工业界的沟通和共同语言。应该说，这是造成中国计算机专业教育和社会需求脱节的主要原因之一。

众所周知，中国经济已持续高速发展多年，中国的产业正面临着从劳动密集型向知识密集型、创新型和高附加值服务型产业升级的紧迫形势。而且，经济全球化已经对人才培养标准提出了国际化的新要求。但现实情况是，中国培养的计算机专业人才在质量上与此要求相差甚远。实现产业升级最根本的条件是人才，现在产业所需求的人才，是复合型、创新型、国际型、有实际能力的高素质工程人才，这对中国工程人才培养理念、机制和方式提出了全方位的改革要求。

今天，经济正持续高速发展的中国，亟须高素质的人才，人才培养面临着极大挑战，欲走出这一困境，别无他路，唯有改革。教育主管部门、专家学者、有识之士无不纷纷建言献策，推动计算机专业的教学改革进一步深化和升华。

一、七部委高度重视，目标与要求明确具体

2012 年 1 月 10 日，教育部、中宣部、财政部、文化部、总参谋部、总政治部、共青团中央委员会等七部委联合出台文件《教育部等部门关于进一步加强高校实践育人工作的若干意见》（教思政〔2012〕1 号），文件明确指出，进一步加强高校实践育人工作，是全面落实党的教育方针，把社会主义核心价值体系贯穿于国民教育全过程，深入实施素质教育，大力提高高等教育质量的必然要求。党和国家历来高度重视实践育人工作。坚持教育与生产劳动和社会实践相结合，是党的教育方针的重要内容。坚持理论学习、创新思维与社会实践相统一，坚持向实践学习、向人民群众学习，是大学生成长成才的必由之路。进一步加强高校实践育人工作，对于不断增强学生服务国家服务人民的社会责任感、勇于探索的创新精神、善于解决问题的实践能力，具有不可替代的重要作用；对于坚定学生在中国共产党领导下，走中国特色社会主义道路，为实现中华民族伟大复兴而奋斗，自觉成为中国特色社会主义合格建设者和可靠接班人，具有极其重要的意义；对于深化教育教学改革、提高人才培养质量，服务于加快转变经济发展方式、建设创新型国家和人力资源强国，具有重要而深远的意义。进入 21 世纪以来，高校实践育人工作得到进一步重视，内容不断丰富，形式不断拓展，取得了很大成绩，积累了宝贵经验，但是实践育人特别是实践教学依然是高校人才培养中的薄弱环节，与培养拔尖创新人才的要求还有差距。要切实改变重理论轻实践、重知识传授轻能力培养的观念，注重学思结合，注重知行统一，注重因材施教，以强化实践教学有关要求为重点，以创新实践育人方法途径为基础，以加强实践育人基地建设为依托，以加大实践育人经费投入为保障，积极调动整合社会各方面资源，形成实践育人合力，着力构建长效机制，努力推动

高校实践育人工作取得新成效、开创新局面。

文件明确要求，各高校要坚持把社会主义核心价值体系融入实践育人工作全过程，把实践育人工作摆在人才培养的重要位置，纳入学校教学计划，系统设计实践育人教育教学体系，规定相应学时学分，合理增加实践课时，确保实践育人工作全面开展。要区分不同类型实践育人形式，制定具体工作规划，深入推动实践育人工作。实践教学是学校教学工作的重要组成部分，是深化课堂教学的重要环节，是学生获取、掌握知识的重要途径。各高校要结合专业特点和人才培养要求，分类制订实践教学标准，增加实践教学比例，确保人文社会科学类本科专业不少于总学分(学时)的15%、理工农医类本科专业不少于25%、高职高专类专业不少于50%，师范类学生教育实践不少于一个学期，专业学位硕士研究生不少于半年。实践教学方法改革是推动实践教学改革和人才培养模式改革的关键。各高校要把加强实践教学方法改革作为专业建设的重要内容，重点推行基于问题、基于项目、基于案例的教学方法和学习方法，加强综合性实践科目设计和应用。要加强大学生创新创业教育，支持学生开展研究性学习、创新性实验、创业计划和创业模拟活动。

为落实好实践育人的具体工作，文件进一步强调，所有高校教师都负有实践育人的重要责任。各高校要制定完善教师实践育人的规定和政策，加大教师培训力度，不断提高教师实践育人水平。要主动聘用具有丰富实践经验的专业人才。要鼓励教师增加实践经历，参与产业化科研项目，积极选派相关专业教师到社会各部门进行挂职锻炼。要配齐配强实验室人员，提升实验教学水平。要统筹安排教师指导和参加学生社会实践活动。教师承担实践育人工作要计算工作量，并纳入年度考核内容。学生是实践育人的对象，也是开展实践教学、社会实践活动的主体。要充分发挥学生在实践育人中的主体作用，建立和完善合理的考核激励机制，加大表彰力度，激发学生参与实践的自觉性、积极性。实践育人基地是开展实践育人工作的重要载体。要加强实验室、实习实训基地、实践教学共享平台建设，依托现有资源，重点建设一批国家级实验教学示范中心、国家大学生校外实践教育基地和高职实训基地。各高校要努力建设教学与科研紧密结合、学校与社会密切合作的实践教学基地，有条件的高校要强化现场教学环节。基地建设可采取校所合作、校企联合、学校引进等方式。要依托高新技术产业开发区、大学科技园或其他园区，设立学生科技创业实习基地，力争每个学校、每个院系、每个专业都有相对固定的实习实训基地。落实实践育人经费，是加强高校实践育人工作的根本保障和基本前提。高校作为实践育人经费投入主体，要统筹安排好教学、科研等方面的经费，新增生均拨款和教学经费要加大对实践教学、社会实践活动等实践育人工作的投入。要积极争取社会力量支持，多渠道增加实践育人经费投入。各高校要制订实践育人成效考核评价办法，切实增强实践育人效果。要制定安全预案，大力加强对学生的安全教育和安全管理，确保实践育人工作安全有序。

2012年3月16日，教育部出台了《教育部关于全面提高高等教育质量的若干意见》(教高〔2012〕4号)，该文件的第八条意见明确指出：强化实践育人环节。制定加强高校实践育人工作的办法。结合专业特点和人才培养要求，分类制订实践教学标准。增加实践教学比重，确保各类专业实践教学必要的学分(学时)。配齐配强实验室人员，提升实验教学水平。组织编写一批优秀实验教材。加强实验室、实习实训基地、实践教学共享平台建设，重点建设一批国家级实验教学示范中心、国家大学生校外实践教育基地、高职实训基地。加强实践教学管理，提高实验、实习实训、实践和毕业设计（论文）质量。支持高职学校学生参加企业技改、工艺创新等活动。广泛开展社会调查、生产劳动、志愿服务、公益活动、科技发明、勤工助学和挂职锻炼等社会实践活动。新增生均拨款优先投入实践育人工作，新增教学经费优先用于实践教学。推动建立党政机关、城市社区、农村乡镇、企事业单位、社会服务机构等接收高校学生实践制度。

《国家中长期教育改革和发展规划纲要（2010—2020年）》第十九条明确规定：加强实验室、校内外实习基地、课程教材等基本建设。深化教学改革。推进和完善学分制，实行弹性学制，促进文理交融。支持学生参与科学研究，强化实践教学环节。加强就业创业教育和就业指导服务。创立高校与科研院所、行业、企业联合培养人才的新机制。严格教学管理，健全教学质量保障体系，改进高校教学评估。充分调动学生学习积极性和主动性，激励学生刻苦学习，增强诚信意识，养成良好学风。第二十二条规定：重点扩大应用型、复合型、技能型人才培养规模。

《国务院关于进一步做好普通高等学校毕业生就业工作的通知》（国发〔2011〕16号）第一条指出：各高校要根据经济社会发展和产业结构调整的需要，认真做好相关专业人才需求预测，合理调整专业设置，推进人才培养模式改革，强化实践教学和实习实训，提高人才培养质量。支持相关行业和产业与高校联合开展人才培养和岗位对接活动，使广大高校毕业生能够学有所用。

可以说，国家以及教育主管部门高瞻远瞩，用心良苦。

二、构思、设计、实现、运作理论引领计算机教育改革的潮流

针对全世界共同面临的工程人才短缺问题，欧洲和美国等国家采取了一系列的教育改革研究和探讨，并取得了非常有效的改革经验。从1986年开始，美国国家研究委员会、国家工程院和美国工程教育学会纷纷开展调查并制订战略计划，大力推进工程教育改革。在欧洲，欧洲国家工程联合会启动了一项专门计划，旨在成立统一的欧洲工程教育认证体系，以指导欧洲大陆的工程教育改革，加强欧洲大陆的竞争力。在这场改革中，欧洲的改革方向与侧重点和美国是一样的，即在继续保持科学基础的前提下，着重强调加强工程实践训练，加强各种能力的培养；在内容上强调综合与集成，包括自然科学与人文社会科学的结合，工程与经济管理的结合。同时，针对工科教育生源严重不足问题，美国和西欧各国纷纷采取各种办法和措施，包括从中小学教育开始，提升对工程的重视与兴趣培养。2010年，美国麻省理工学院、瑞典哥德堡查尔姆斯技术学院、瑞典皇家理工学院和瑞典林雪平大学等4所大学组成的跨国研究组合，获得了Knut and Alice Wallenberg基金会近1 600万美元的巨额资助，经过4年的探索研究，创立了构思、设计、实现、运作教育模式，并成立了构思、设计、实现、运作国际合作组织。

CDIO是构思（Conceive）、设计（Design）、实现（Implement）、运作（Operate）4个英文单词的缩写，它是“做中学”和“基于项目教育和学习”的集中概括和抽象表达。该模式以工程实践为载体，以培养学生掌握基础工程技术知识和实践动手能力为目的，在新产品的开发过

程中引导创新，使知识、能力、素质的培养紧密结合，使理论、实践、创新合为一体，通过各种教育方法弥补工程专业人才培养的某些不足。该模式不仅继承和发展了欧美 20 多年以来的工程教育改革的理念，更重要的是提出了系统的能力培养、实施指导，以及实施过程和结果检验的 12 条标准，具有很强的可操作性。

构思、设计、实现、运作理论标准中提出的要求是直接参照工业界的需求，如波音公司的素质要求，以及美国工程教育认证权威组织 ABET 的标准 EC2000 制定的。它将这种要求反推到教学大纲、教学计划以及课程设置，通过每一门课，每一个模块，每一个教学环节来落实产业对能力的要求，以满足产业对工程人才质量的要求。

构思、设计、实现、运作理论模式是能力本位的培养模式，是根本有别于学科知识本位的培养模式。对学生能力的评价不仅要来自学校教师和学生群体，也要来自工业界。评价的方式要多样化，而不只是闭卷理论考试。可以这样说，CDIO 是对传统教育模式的颠覆性改革。

迄今为止，已有几十所世界著名大学加入了 CDIO 国际组织，这些学校的机械系和航空航天系已全面采用了 CDIO 工程教育模式，并取得了非常好的效果，CDIO 模式培养的学生尤其受到社会与企业的欢迎。美国麻省理工学院已有多届学生在 CDIO 模式下毕业，得到工业界的好评。一些公司还专门为 CDIO 毕业生制定了工资标准，比其他教育模式下的毕业生高出 15%，这表明了产业界对这种教育模式的高度肯定。

三、社会各界、有识之士形成共识

中国每一次教育改革的背后，总有一些学者的身影，他们站在学术的前沿，感知着世界教育改革的风暴，为中国的进步呼吁呐喊，正是有了他们，才使得中国教育紧紧跟随着世界发展的节拍。曾留学美国多年的北京交通大学查建中教授就是其中的一员。他身兼数职，其中一个重要职务是联合国教科文组织产学合作教席主持人。

约翰·杜威(1859—1952)是美国著名的哲学家、教育家和心理学家，是 20 世纪对东西方文化影响最大的人物之一。杜威自 1894 年执教芝加哥大学，10 年间创办实验学校，从事教育革新，成为美国“进步教育”运动的先驱，曾到英国、苏联、日本和中国等许多国家讲学，1919—1920 年间还担任过北京大学哲学教授和北京高师教育学教授，杜威的实用主义教育思想对现代中国教育的改革留下了深远的影响。

“教育即生活”“教育即生长”“教育即经验的改造”是杜威教育理论中的三个核心命题，这三个命题紧密相连，从不同侧面揭示了杜威对教育基本问题的看法。以此为依据，他对知与行的关系进行了论述，提出了举世闻名的“做中学”(Learning - by - doing)原则。杜威认为“做中学”，就是“从活动中学”“从经验中学”。他明确提出：“从做中学比从听中学是更好的学习方法。”他把学校里知识的获得与生活过程中的活动联系了起来，充分体现了学与做的结合、知与行的统一。

“做中学”原则有利于现代教学中的师生关系的建立，从根本上改变了传统的师生关系。众所周知，传统教育片面强调教师在教育中的权威，在教学中体现为教师的单纯灌输和学生的被动接受，在这个过程中，学生始终处于一种被动的位置，削弱了学习知识的积极性和主动性。杜威主张，在整个学校生活与教学中，学生必须成为积极主动的参与者，而教师是学生活动的协助者。

全世界有几百所大学成功实施了“做中学”的教学理念，培养的学生理论联系实际，具备各种实际能力，深受产业界和社会欢迎。例如：美国的伍斯特理工学院，自1864年建校以来便奉行“做中学”的教学理念。从20世纪70年代开始，又大力实施“基于项目教育”的战略教育计划。比利时鲁汶工程大学30多年来始终坚持“基于项目的学习”，每个学生除在每门专业课程和几门相关课程的学习中要做不同规模和内容的项目外，还要做一个综合性比较强、比较复杂、多来自产业界的“集成工程项目”。这样培养出来的学生理论和动手能力都很强，就业率和就业质量都非常高。

对于加强实践教学，中国的大部分学生是欢迎的，有积极性的。很多学生厌倦了单调枯燥的满堂灌式的教学方法，渴望有实践的机会，希望在实践中得到真才实学。由于现行工程教育理论和实践脱节、教育和产业脱节，学生感受不到知识与现实世界的联系，无从了解社会现实对知识的需求，或是未来工作与现在学习的关联，因此学习缺乏动力、兴趣和热情。

实践环节有两种形式：一种是“实训”，另一种是“实习”。实训应以“训”为主，可以把产业界做过的项目拿来练手，不以产生效益为目的，而是注重训练学生应用理论知识于实践的能力和动手能力，把课堂学的知识和技能付诸实践，变成真正可用的东西；而实习则是在生产性岗位的实质性工作，承担生产责任。这两种形式的实践都是必要的。实训为实习做准备，没有实训得到的实践性知识和能力，无法胜任实习工作和承担生产性责任；而没有实习环节，学生则缺乏职场所需要的真正的工作能力和经验。

一大批外企带来了在国外的产学合作传统，越来越多的民营企业由于自身发展的需要也对与大学合作培养人才非常重视。在长江三角洲和珠江三角洲，特别是在IT等高新技术领域，大批企业与学校建立了紧密的长期合作关系，共同发展，互相支持。在软件工程行业，软件企业主动为各软件工程学院提供实习实训条件，在全国建立了许多实习实训基地。软件人才培养高峰会议和论坛上，到处可见校企合作的情况。IBM公司亚洲区人力资源总监在谈到为什么如此热衷软件人才培养时说：“这种产学合作受益最大的就是我们产业界。没有人才，我们无法生存和发展。”

第二节　校企深度合作办学的经验

一、校外实习实训基地建设

校企合作是高等院校谋求自身发展、实现与市场接轨、大力提高育人质量、有针对性地为企业培养一线实用型技术人才的重要举措，其初衷是让学生在校所学与企业实践有机结合，让学校和企业的设备、技术实现优势互补、资源共享，以切实提高育人的针对性和实效性，提高技能型人才的培养质量。通过校企合作使企业得到人才，学生得到技能，学校得到发展，从而实现学校与企业“优势互补、资源共享、互惠互利、共同发展”的双赢结果。

据报道，人类智力发育48%与遗传基因相关，52%受环境的影响。如何使受教育者在良好的环境影响下获得最大值是每一个教育工作者应该考虑的问题。在学校这一具体环境中，学校文化建设与人的全面发展之间的双向互动关系日益明显，校园文化尤其是大学文化是历史积淀和现实环境的产物，它以相对的独立性、自由性、创造性和包容性等特点，对学生产生着极大的影响。校企合作办学的重要目标之一就是让学生切身感受一下企业文化，或者说对企业文化有一个基本的认识，以利于学生的全面发展。

校企合作办学的关键是选择合适的企业，建立稳定的校外实习实训基地。经验表明，很多实力很强的企业未必适合建设实习实训基地，只有具备如下几方面条件的企业才能作为高等学校的合作伙伴，这些条件是：①拥有专门的供学生学习的教学环境，包括实训设备（计算机、网络、应用软件开发环境等）、场地、住宿、食堂、交通等，最好有一个比较独立的教学环境，能确保学生的学习和安全；②拥有专职的师资和管理队伍，特别是师资，必须是来自一线的具有丰富实践经验的专职技术人员或项目经理、具有多年项目开发经验的人员，借助他们来弥补高校教师的不足（高校教师，特别是年轻教师多半都是从校门到校门，理论知识丰富，实践经验较少）；③拥有丰富的真实项目案例（包括齐全的项目文档资料），这些来自生产实践第一线的项目案例能够锻炼学生的项目开发能力以及积累相关经验；④开发了自主知识产权的教学资源，如教材、课件、教学软件、学习网站等，表明企业对教学很重视，并做了相关研究，积累了丰富的素材；⑤和人才需求市场有着紧密的联系，或者说了解用人企业对人才的需求情况，能帮助学校解决学生的就业问题，这也是校企合作办学的重要目标之一。

二、以人为本的实训机制

“以人为本”作为一种价值取向，其根本所在就是以人为尊、以人为重、以人为先。以人为本教育的根本目的是为了人并塑造人。为了更好地体现以人为本的教学理念，某高等院校在很多方面都做了考虑与安排，具体体现在以下几点。

（一）提供多种实训选择

尊重并合理地引导每一个学生的个性和差异性，为每一个学生提供多元发展途径。为此，在专业方向、实训地点、实训企业、费用、时间等方面为学生提供了多种选择，且为自主选择。

在专业方向方面，设立了软件开发技术（Java 方向）、软件开发技术（C＋＋方向）、嵌入式系统开发、软件测试、对日软件外包、数字媒体技术等多个方向，以更好满足学生的个性化需求。特别说明的是，几年学习下来，确实有少部分人对软件开发不感兴趣（比如，高考填报志愿有一定的盲目性，入学后又不能随便更换专业），或者没有这方面的潜质，设立数字媒体技术方向就是给这部分学生一个选择。事实证明，这种做法得到了教师和学生的肯定。

在实习实训地点的选择方面，学校也做了认真的考虑。由于地缘的原因，珠三角和长三角地区的 IT 业比较发达，学生毕业后，多半喜欢去这些地区工作。因此，在选择实习实训企业时，尽量优先考虑广州、深圳、上海、珠海、无锡等地企业。

在实习实训企业的选择方面，也考虑了多种选择。原则上，每个专业方向选择两家不同地区、服务与收费不同的企业，供学生选择。特别需要提到的是，实训的主体是学生，应该充分考虑学生的意见。

在实习实训经费方面，学生是最敏感、最关注的。这里所指的费用，一是实习实训企业收取的服务费，二是学生在企业实习实训时的生活费用。这两项费用加起来对学生来说是一笔不小的开支，对于一些学生来说，压力还是非常大的。很显然，不能一刀切，要求所有的学生支付大笔费用。该院校在这方面，考虑了高、中、低三种不同的层次，收费高、服务质量好的企业，收费大概在 15 000 元，中档的企业收费在 10 000 元左右，低档的企业收费为 3 000～6 000 元，学生可以根据自己家庭的经济状况，选择不同收费层次的企业。费用方面的解决方案还有其他措施，接下来会详细讨论。

(二)费用问题及其解决方案

由于经济发展的不平衡，学生家庭在经济实力方面的差距非常巨大。事实上，本专业的贫困生和特困生所占的比例超过了 40%，这给实习实训方面造成了巨大的困难，如果解决不好，校企合作办学恐怕就无从谈起，毕竟不可能要求企业完全做贡献。除了上述所采取的分高、中、低三个档次选择实习实训企业外，该院校还考虑了以下几个方面的措施：

(1)为每个外出实习实训的学生支付 2 000 元实训费，经费从学校收取的学费中支出。

(2)如果学生在企业实习实训后，能按时就业，学校再给每个学生奖励 500 元。这一方面能为学生解决经济负担，另一方面也督促学生学好技术、提高能力、按时就业。

(3)通过让实训机构相互竞价，企业在报价方面做了较大幅度的下调。例如，某合作企业从最初报价 12 800 元下调到了 8 000 元。这样，系里帮出 2 000 元，学生自己再交 6 000 元即可。

(4)几千元的实训费对不少学生来说还是非常困难的，对此，学校和实训机构又商定了另一个解决办法：采取银行贷款支付，就业后一年半内分期付款方式解决(每个月偿还 300 元左右)。例如，某软件园就业实训基地可帮助学生贷款，并帮助学生申请政府补贴，学生就业后还款即可。这是一个让实训机构与学生捆绑起来共担风险的解决办法，因为学生就不了业，实训机构也收回不了资金。

(5)针对确实没有经济能力外出实训的特困生，也出台了相应的特困生政策，他们可以留在学校做毕业设计和实习实训工作，由学校教师指导完成有关教学任务，并帮助这批学生正常就业。这样就让特困学生也能正常完成学业并就业。

(三)其他以人为本的政策与措施

除以上政策措施外，在以人为本方面，该院校还做了以下多方面工作：

(1)学生离开校园，到外地实训企业学习，安全自然是第一位的。如果在安全方面出现重大事故，那是谁都无法承受的。因此，除了外出时履行告知学生家长、与实训企业签订安全管理协议、与学生本人签署安全承诺书等措施外，学校出资统一给每个外出实训的学生购买意外伤害保险，保护学生的利益。

(2)第三学年，学生很多时间在企业实训，毕业设计也在企业进行(校企双方共同指导)。从客观实际来说，大学最后一个学期是学生最忙的学期，既要完成指定的实习实训任务，又要做毕业设计，还要解决就业问题，而且还有很多毕业环节的工作要按期完成。为了不影响学生的学习，也为了学生的安全，以及为了减少学生经费开支，学校每年都派若干个教师组分赴各地，在企业现场组织毕业设计答辩（邀请企业技术人员参与）。

（3）人才培养方案中安排的实习实训可分阶段进行，只有最后的综合项目实训到企业进行，其他实训环节尽量安排在校内进行。具体做法是邀请企业的优秀技术人员来学校对学生进行培训，这样既能学到技术、培养能力，也可以节省学生不少经费。

（4）学校的院系领导、教研室主任以及教师代表每个学期都组队到实习实训单位考察，监督实习实训过程和效果，并召开学生座谈会，认真了解学生的状况，听取学生的意见和建议，跟学生谈心，解决实际困难，全方位地关心学生的成长。

三、与行业接轨的相关内容

传统意义下的学校教育是有一点瑕疵的，典型地，教师和学生基本上都是从一个校门到另外一个校门来的，缺乏对行业或企业的了解，特别是还未走出校门的学生，对行业企业几乎一无所知，不知道自己该学什么，也不知道如何塑造自己。校企合作办学既要让学生切身感受企业文化，又要让学生掌握行业标准的知识与技能，也就是专业知识与能力方面尽可能地与行业接轨，这样才有利于学生今后的发展。某职业院校的计算机专业教学改革具体做了以下几个方面的工作。

（一）5R实训体验机制

5R实训体验机制是构建应用型技术人才的核心和保证。这5个“R”分别是Real Office（真实的企业环境）、Real PM（真实的项目经理）、Real Project（真实的项目案例）、Real Pressure（真实的工作压力）、Real Opening（真实的就业机会）。

（1）Real Office（真实的企业环境）。实训工作室的设计参照大公司的办公环境，一人一个独立工位，每个办公间有独立的会议室供各个小组讨论和评审。企业要求实训的学生严格按企业员工执行上下班考勤制度（工作牌、指纹考勤机、打卡机等）、工作进程汇报制度，真实体验企业的工作感受。

学生实训时，按正规的项目开发来组织，即学生按项目开发的实际需要分成小组，每个组的成员都有具体的任务分工，一切按实际项目的运作模式来进行。

（2）Real PM（真实的项目经理）。在项目实训过程中，各个项目组均由两种职能的指导教师带队，即负责项目进度跟踪管理的项目经理和具体技术辅导的技术高手。带队的项目经理都是来自于企业具有丰富项目实施经验的项目经理，以确保每个学生都能获得IT企业正式员工应有的真才实学。

（3）Real Project（真实的项目案例）。实训不能纸上谈兵，而是要“真刀真枪”地干，所以真实的项目案例是至关重要的。所谓真实的项目案例，就是企业的项目经理亲自做过的真实项目，加以消化整理，用来培训学生的项目开发能力。但不一定是真正的项目开发，毕竟拿真实的项目给学生“练手”是有风险的。例如，某企业实施过国家级大型项目，具有非常宝贵的项目经验，经过整理，抽取出典型的企业应用案例，将整个项目过程完整地还原给学员，让学员在项目中完整地学习整个项目的流程，充分体验一个项目团队应该如何工作，使学生积累大型项目的经验。

(4)Real Pressure(真实的工作压力)。项目中有模拟客户代表给予项目组施加真实的项目压力,"意外随时有可能以任何一种形式出现",当遭遇需求变更、新技术风险、工期变更、人员变动等问题时,能够从容应对的员工才是企业需要的员工。

(5)Real Opening(真实的就业机会)。实训机构自身所依托的企业往往需要大量的人才,它们可以通过实训为自身培养后备人才。项目经理也可以根据学生的表现,向行业战略合作伙伴推荐就业。另外,很多企业也乐于到实训机构挑选具有一定项目经验的人才。

(二)文档标准

文档是软件开发使用和维护中的必备资料。文档能提高软件开发的效率,保证软件的质量,而且在软件的使用过程中有指导、帮助、解惑的作用,尤其在维护工作中,文档是不可或缺的资料。在传统的专业教学中,确实也向学生介绍了软件文档的概念以及书写方法,但都不够深入细致,学生也没有得到真实项目的锻炼,也就有个大概的概念而已。很显然,这对培养软件开发人员来说是很不够的。

就毕业设计以及毕业设计论文来说,传统的专业教育也是忽视软件开发文档的。计算机类各专业的毕业设计多半都是围绕某个应用开发一个软件,然后就该应用软件开发的总体概述、用户需求、总体设计(概要设计)、详细设计、测试与维护等方面写一份综合性的材料,就算作毕业论文了。

要造就卓越工程师,必须与行业接轨,必须培养学生具备行业企业所需要的知识和能力,甚至是一定的经验。为此,学校要求本专业的学生,在做毕业设计与毕业论文时,毕业设计选题必须是企业的实际课题,真题真做;毕业论文则改成了软件开发方面符合行业企业标准的系列文档,如可行性分析报告、项目开发计划、开发进度月报、需求规格说明书、概要设计说明书、详细设计说明书、测试计划、测试分析报告、用户操作手册、项目开发总结报告等。为了避免在软件开发中文件编制的不足或过分,我们将软件文档的编制要求与软件的规模大小联系起来,参照CMM(软件能力成熟度模型)标准采用的软件文档规范体系。根据本规范,一个计算机软件的开发过程中,一般应产生以下14种文档:

(1)可行性分析报告。可行性分析报告的编写目的是:说明该软件开发项目的实现在技术、经济和社会条件方面的可行性,评述为了合理地达到开发目标而可能选择的各种方案,说明并论证所选定的方案。

(2)项目开发计划。编制项目开发计划的目的是用文档的形式,把对于在开发过程中各项工作的负责人员、开发进度、所需经费预算、所需硬件条件等问题做出的安排记录下来,以便根据本计划开展和检查本项目的开发工作。

(3)软件需求说明书。软件需求说明书的编制是为了使用户和软件开发者双方对该软件的初始规定有一个共同的理解,使之成为整个开发工作的基础。

(4)数据要求说明书。数据要求说明书的编制是为了向整个开发时期提供关于被处理数据的描述和数据采集要求的技术信息。

(5)测试计划。这里所说的测试计划,主要是指整个程序系统的组装测试和确认测试。

本文档的编制是为了提供一个对该软件的测试计划，包括对每项测试活动的内容、进度安排、设计考虑、测试数据的整理方法及评价准则。

(6)概要设计说明书。概要设计说明书又称为系统设计说明书，这里所说的系统是指程序系统。编制的目的是说明对程序系统的设计考虑，包括程序系统的基本处理流程、程序系统的组织结构、模块划分、功能分配、接口设计、运行设计、数据结构设计和出错处理设计等，为程序的详细设计提供基础。

(7)详细设计说明书。详细设计说明书又可称为程序设计说明书，编制的目的是说明一个软件系统各个层次中的每一个程序(每个模块或子程序)的设计考虑。如果一个软件系统比较简单，层次很少，本文档可以不单独编写，有关内容合并入概要设计说明书。

(8)数据库设计说明书。数据库设计说明书的编制目的是对于设计中的数据库的所有标识、逻辑结构和物理结构做出具体的设计规定。

(9)用户手册。用户手册的编制是要使用非专门术语的语言，充分地描述该软件系统所具有的功能及基本的使用方法。使用户(或潜在用户)通过本手册能够了解该软件的用途，并且能够确定在什么情况下，如何使用该软件。

(10)操作手册。操作手册的编制是为了向操作人员提供该软件每一个运行的具体过程和有关知识，包括操作方面的细节。可与用户手册整合编制。

(11)模块开发卷宗。模块开发卷宗是在模块开发过程中逐步编写出来的，每完成一个模块或一组密切相关的模块的复审时编写一份，应该把所有的模块开发卷宗汇集在一起。编写的目的是记录和汇总低层次开发的进度和结果，以便于对整个模块开发工作的管理和复审，并为将来的维护提供非常有利的技术信息。

(12)测试分析报告。测试分析报告的编写是为了把组装测试和确认测试的结果、发现及分析写成文档加以记载。

(13)开发进度月报(周报)。开发进度月报(周报)的编制目的是及时向有关管理部门汇报项目开发的进展和情况，以便及时发现和处理开发过程中出现的问题。

(14)项目开发总结报告。项目开发总结报告的编制是为了总结本项目开发工作的经验，说明实际取得的开发结果以及对整个开发工作的各个方面的评价。

四、合理的实习实训方案

总的来说，实习实训的目的可以概括为以下几个方面：①贯彻加强实践环节和理论联系实际的教学原则，增加学生对专业感性认识的深度和广度，运用所学知识和技能为后续课程奠定较好的基础；②通过实训，开阔学生眼界和知识面，获得计算机软件设计和开发的感性认识，与此同时，安排适量的讲课或讲座，促进理论同实践的结合，培养学生良好的学风；③提高学生使用相关工具的熟练程度，运用相关知识、技术完成给定任务的能力及在完成任务过程中解决问题、学习新知识、掌握新技术的能力，能够通过自学方式在较短时间内获取知识的能力，以及较强的分析问题与解决实际问题的能力；④通过对专业、行业、社会的了解，认识今后的就业岗位和就业形势，使学生确立学习方向，努力探索学习与就业的结合点，从而发挥学习的主观能动性；⑤实训中进行专业思想与职业道德教育，使学生了解专业、热爱专业，激发学习热情，提高专业适应能力，以具备正确的人生观、价值观和健全的人格，较高的道德修养、职业道德及社会责任感，良好的沟通、表达与写作能力和团队合作精神。

一些高等院校在实习实训方案的设计与运作方面做了很多考虑，也制定了不少管理制度与政策，以促使计算机专业的实习实训取得良好的成效。下面，分几个方面介绍，限于篇幅，很多实习实训的技术细节在此不展开叙述。

(一)专业方向多元化

为了学生的个性化需求与发展，学校在专业方向的设置上做了许多工作，设置了软件开发技术(C/C＋＋)方向、软件开发技术(Java)方向、嵌入式系统方向、软件测试方向、数字媒体方向、对日软件外包方向等。这些方向的差异很大，目的、要求也都不一样。下面，就每个方向的实训目的分别予以介绍，并以一个具体的实训方向为例，介绍实训的详细安排。

1.软件开发技术(C/C＋＋)方向

(1)熟练掌握C/C＋＋语言基础，强化编码、调试能力，理解面向对象分析与设计思想。

(2)掌握常用数据库(SQL Server/Oracle)的设计与管理能力。

(3)具备软件工程思想，了解软件开发规范。

(4)了解分布式软件编程，掌握应用服务器与中间件的使用。

(5)深刻理解面向对象的软件开发方法[OOA(面向对象的分析)/OOD(面向对象的设计)/OOP(面向对象程序设计)]，熟悉UML(统一建模语言)建模及相关常用工具的使用方法。

(6)参与实际软件项目开发全过程，体验企业工作环境和工作方式，加强团队意识、交流和表达能力。

(7)增强学生对本专业课程的理解，明确学生本专业的学习目的。

2.软件开发技术(Java)方向

(1)深刻理解面向对象的软件开发方法(OOA/OOD/OOP)，熟悉UML建模及相关常用工具的使用方法；培养良好的编码风格，能够编写高质量的Java程序代码。

(2)熟悉W3CWeb标准，熟悉Web2.0技术规范，掌握至少一种富Web客户端(RWC)或富互联网应用(RIA)前端开发技术，如AJAX(jQuery/ExtJS)或Adobe Flex等。

(3)全面掌握JavaEE核心开发技术，能熟练运用JSF＋EJB3＋JPA＋Seam和/或Struts2＋Spring3＋Hibernate3进行企业级Java应用程序开发。

(4)理解面向服务的体系架构(SOA)，能够开发基于简单对象访问协议(SOAP)和/或描述性状态迁移(REST)风格的Web Service应用程序。

(5)掌握Java/JavaEE常用设计模式(Design Pattem)，熟悉JavaEE开发的最佳实践(Best Practice)。

(6)熟悉RUP、Agile等以迭代为核心的现代软件工程思想和方法，掌握专业软件开发的规范化过程，包括需求分析、系统分析与设计、编码、测试等。

(7)培养良好的团队协作精神，掌握软件开发人员应该具备的交流沟通技能及自我管理的能力。

3.嵌入式系统方向

嵌入式系统与特定行业应用密不可分，嵌入式软件在移动设备、数字家电、数控机床、汽车电子、医疗电子、航天航空、工业自动化控制等领域得到了广泛应用。通过此实训，使得学生具有一定的行业领域知识，使得学生在走上工作岗位时能快速适应现代企业要求，快速成为嵌入式软件工程优秀人才。下面，以 Android 4G 手机开发方向为例介绍实习实训的目的。

(1)掌握嵌入式系统开发的基本方法与技术，了解嵌入式系统的体系结构，具备嵌入式操作系统基础知识，具备嵌入式微处理器 ARM 的基本知识和编程能力，具备嵌入式存储系统、I/O 接口的基本知识和编程能力。精通 1 种主流微处理器系统＋1 套开发工具＋1 种嵌入式操作系统＋多门开发语言。

(2)学习 Android 应用程序的运行以及基于 Android 平台的系统开发技术、应用开发平台和系统开发的整合技术，全面理解 Android 底层实现机制。

(3)掌握 Android 平台和 Linux 内核集成，能熟练在 Linux 内核上开发自有的 Android 平台。

(4)熟练掌握 Android 项目的开发流程，从需求分析、系统设计到软件开发，完成一个真实的项目。积累项目经验，达到企业用人需求。

(5)掌握 Android 的同时了解其他手机平台，如 iPhone 和 Symbian，以拓展学生知识面，丰富学员知识结构。

(6)在项目开发上积累一定的经验，能结合嵌入式系统软硬平台多样性的特点举一反三，具有创新思维和独立分析解决问题的能力。

4.软件测试方向

(1)掌握软件测试的一般理论和方法，掌握白盒测试、黑盒测试、回归测试等重要概念，掌握单元测试、集成测试、系统测试等测试过程，系统地了解测试计划、测试方案、测试用例、测试执行等测试基本工作。

(2)理论和实际结合，通过实际案例分析，对软件测试的理论、方法、技术和工具有实践性的认识。

(3)从系统全局着眼，不局限于具体实现方式，与实践经验丰富的一线从业人员进行互动和交流，了解测试的一些误区和经验，切实掌握一个中等软件项目测试的全过程。

(4)培养良好的团队协作精神，掌握软件开发人员应该具备的交流沟通技能及自我管理的能力。

5.数字媒体方向

(1)掌握动画设计的基本理论，具有运用相关软件工具制作动画、漫画的能力，具备创作二维动画、三维动画的能力。

(2)掌握数字影视技术、数字影视制作技术的理论与方法，能熟练运用拍摄、编辑、特效制作等技巧创作数字影视作品。

(3)掌握数字媒体产品开发项目的策划与管理的相关理论与方法，了解相关的法律法规和行业规则，具备组织、控制、管理和项目推广能力。

6.对日软件外包方向

(1)学习对日软件外包所必须掌握的日语基础，了解日本软件企业的项目管理特点、方式和日本人的品质观，掌握对日软件开发的原则和指导思路。

(2)掌握对日外包项目启动的人员体制编成、资源调配方面的方法和技巧，以及根据项目环境灵活进行调整的着眼点及思路。

(3)掌握对日软件项目中的品质和进度控制方法、技巧，学会处理项目组内部成员间的衔接事宜。

(4)了解与日方进行准确、高效沟通的机制、方式，掌握与日方进行沟通的技巧和注意点，掌握项目变更的控制技术和方法。

(5)了解对日软件项目发布、维护期间的相关事宜，掌握项目迁移的管理方法和技术。

(6)掌握对日项目管理中的分析思路和方法，掌握建立对日软件开发流程的方法和手段。

(7)培养熟悉对日软件开发企业软件工程规范、具有良好的软件开发技能，能较快适应IT企业的各项工作，日语达到相当于日本国家日语能力考试三级水平，能适应对日外包IT企业工作的专业人才。

以上是每个实训方向的培养目标，下面，结合一个具体方向介绍某软件企业在Java方面与学校合作的具体安排，其他方向就不一一列举了。

(二)实习实训内容层次化

针对合格的工程化软件人才所应具备的个人开发能力、团队开发能力、系统研发能力和设备应用能力，一些学校在专业人才培养方案里设计了4个阶段性的工程实训环节。

1.认识实习

认识实习主要是让学生对本专业、本行业、IT企业有一个基本的感性认识，以参观学习为主，不要求学生自己动手。操作上，主要选择本地企业，由老师带队，集体去企业参观，听取企业相关人士的介绍。时间上，一般一次安排半天或一天，参观一到两个企业。

2.课程实训

课程实训是结合具体课程进行的，它跟实验不一样，实验是针对课程里的某一个内容安排的，课程实训原则上是综合课程所学知识的，至少囊括了课程所学知识的主要方面。并不是每门课程都安排实训，而是选择基础性的、理论与实践紧密结合的课程，比如C语言程序设计、面向对象程序设计、算法与数据结构、数据库技术等。时间安排为两周，在课程理论教学与实验结束后进行。

3.阶段性工程实训

阶段性工程实训不同于课程实训，它综合了若干知识点，借助于一个规模不大的真实或虚拟项目，专门训练项目开发所需要的某些能力，如程序设计能力、项目管理能力、团队协作能力等。由于阶段性工程实训与专业方向紧密相关，通常都是邀请企业技术人员来校对学生实训。该阶段也是项目综合实训的基础，类似于实战前的演练。下面是从软件开发的角度设计的几个不同阶段的工程实训：

(1)程序设计实训：培养个人级工程项目开发能力。

(2)软件工程实训：培养团队合作级工程项目研发能力。

(3)信息系统实训：培养系统级工程项目研发能力。

(4)网络平台实训：培养开发软件所必备的网络应用能力。

4. 项目综合实训

项目综合实训的要求更高，它是大学几年所学知识与能力的综合运用，是结合大型真实项目案例来锻炼能力的。一般安排时间为4～5个月，专程离校到企业实训，由企业工程技术人员与学校老师共同指导。学生既能感受到“真实项目”的压力，也能切身体会到工作氛围，了解企业文化。实际上，项目综合实训比传统上的毕业设计要求高多了，完全可以取代传统意义上的毕业设计。

5. 顶岗实习

所谓顶岗实习，就是像企业员工一样，正式上班工作，享受实习员工的工资待遇。这一阶段才叫“真刀真枪”，因为企业不可能白给实习生薪资，学生更不能拿工作当儿戏，有时甚至是要承担责任的。顶岗实习一般只安排一个月，这一个月的顶岗实习也与用人单位的试用期吻合，给了用人单位和学生相互了解、取得信任的机会，有利于学生的就业。

(三)时间安排合理化

本专业的人才培养方案安排了很多实习实训教学环节，这就需要在时间安排上尽量合理，既要考虑知识与能力的循序渐进，又要考虑其他方方面面的问题。具体考虑如下：

(1)认识实习：一般安排在大一第一、第二学期。

(2)课程实训：根据课程安排，一般安排课程所在学期的期末，时间为两周。

(3)阶段性工程实训：一般安排在第三、第四学期，请企业工程技术人员来校组织实训，个别实训安排在暑假，每个实训为期2～3周。

(4)项目综合实训：通常安排在第五学期后半段与第六学期前半段，学生到企业完成实训任务。

(5)顶岗实习：通常安排在第六学期，也就是项目综合实训结束后。

(四)“请进来”与“送出去”

校企合作办学最重要的一点就是充分发挥校企双方各自的优势，合理地配置资源，以使资源效益最大化。就教学而言，如何在有限的时间内以及尽可能节省经费的前提下，让学生获取更多的知识和能力是我们必须认真考虑的问题。对此，学校采取了“请进来、送出去”相结合的办法，有效地解决了实习实训的有关问题。所谓“请进来”，就是邀请有关企业的业务经理、技术骨干进学校给学生做报告，在校内完成课程实训、阶段性工程实训任务；所谓“送出去”，就是安排学生到企业去感受企业文化，去完成真实的项目综合实训等。

1.学术报告和专题讲座

学校定期或不定期地邀请企业界的经理和技术骨干来校给学生做讲座或报告，报告的内容非常广泛，如如何面对企业的面试、IT 界的新技术、人才需求状况、职业规划、人生经验、行业状况等，让学生了解更多的信息，扩大视野，树立正确的人生观与世界观，准确面对学习乃至人生。

企业界的经理和技术骨干对行业、对技术、对就业等有不同的视角和观点，可以邀请他们做报告，例如，某软件园就业实训基地主任对学术、就业等问题就有非常独到的见解，他先后多次到学校来做报告，大家受益匪浅。

2.课程实训或专业方向阶段性实训——“请进来”

计算机专业的实践教学环节除了传统意义下的课程实验、毕业设计外，还安排了一系列的实习实训环节。这些实习实训环节包括认识实习、课程实训、专业方向阶段性实训、真实项目综合实训、顶岗实习等。对于课程实训，学校既采取“请进来”的方式(即聘请企业有关工程技术人员来校实训)，也采取校内教师自己解决的方式；对于专业方向阶段性实训，则全部采取“请进来”的方式解决。这种“请进来”的方式既可以节省学校里的经费，也能节省学生的费用(外出的食、宿、交通、通信等开支)，实际执行情况表明，效果很好。

3.项目综合实训——“送出去”

项目综合实训是非常关键的一个实训环节，要求高，历时长(4～5 个月)，能很好地锻炼学生的项目开发能力。对此，学校采取“送出去”的方式来解决。“送出去”可让学生切身体会项目开发和工作环境的“真实感”，增加“工作经验”(企业用人很“功利”，都希望招收有工作经历的学生)。“送出去”做真实的项目综合实训可望解决“学生”和“员工”之间缺失的某些东西，如经验、能力、工作氛围、责任感……对学生将来就业非常有好处。依靠本专业的校外实习实训基地，以及学校制定的各项政策和措施，近几年来，这项工作进行得非常顺利，既让学生在能力上得到了很好的锻炼，也非常好地解决了学生的就业问题，得到了学校、学生和企业的肯定。

五、校企双方的监管与考核机制

第一，学校的院系领导和教师定期或不定期地走访实训学生所在的企业，召开学生座谈会，了解、监控学生的实习实训情况，填写相关调查表，及时掌握、处理有关问题。这一点是非常重要的，失去监管的实习实训就有可能“走过场”，达不到预期的结果。校方不仅定期或不定期巡查，而且还要求写出巡查报告，回校后，组织相关人员讨论巡查过程中发现的问题，并提出解决方案。对实习实训工作做得不是很满意的企业，及时进行调整。

第二，校企双方都要按照一定的师生比指定若干专职人员监控学生的学习情况，要求学生每周与学校教师联系，提交个人工作计划、每周工作总结、课题组进度周报、阶段总结等。

这些材料都有相应的模板，学生只要按要求填报、上交即可。有科技公司结合学校的要求明确要求：学员填写好所有的资料之后，由负责高校业务的老师在规定时间之内统一邮寄到学校负责人处，并明确各种材料提交的时间和方式：①实训考察表：班主任每天负责详细地记录学生的出勤情况。②实训成绩表：让学生在学习期间记录好自己所学的知识，在实训结束时把实训内容填好；同时，班主任也要在学生学习期间将学生的表现做好记录。③实训项目分组：由班主任记录。④就业统计表：由就业部的老师负责登记。⑤周志表：让学生每周把实训进展情况及体会以及对实训单位的意见填好，交到班主任处。⑥实训教学情况调查表：在一个实训项目结束时让学生统一填好，由班主任统一收集。⑦实习实训总结：实训总结包括专业技能实训、企业文化感受、团队精神训练、职业道德培养、对实训的意见或建议等内容，由学生在实训结束时填好，由班主任收集。

第三，企业要按照管理自己的员工一样管理学生，对学生每天的出勤情况都要认真考核，并确保学生按时作息，企业定期向学校报告学生的考勤记录，这对培养学生劳动纪律方面有好处。学生确有客观原因，需要外出办事或回家等，必须履行请假手续，并通报学校。严重违纪的学生，企业有权终止实习实训并遣送其回学校，学校授权企业从严管理。

第四，校企双方共同指导学生的项目实训。项目实训综合性比较强，需要更多理论和经验才能完成任务。校企双方共同指导有利于发挥校企双方各自的长项，有利于学生顺利完成项目的开发工作。为此，在学生外出实训期间，学校专门指定了一批教师负责学生外出实习、实训期间的指导工作，主要负责协调、解决、指导、帮助学生完成实训任务。为了规范校内教师远程指导工作的考核和管理，特制定了校内指导教师工作职责：

(1)在每学年暑假前(每年的6月份)，由学院实训中心为指导教师确定需要指导的学生名单，学生离校之前指导教师必须与学生召开见面会，确定完成实习实训的时间、任务和步骤以及联系方式，否则不准许离校到外单位实习或者实训，不承认实习实训成绩。

(2)校内指导教师要了解学生实习单位的基本情况，并且与学生建立定期的、固定的沟通方式(如微信群、QQ群等)。

(3)每周定期与实训单位、学生联系，了解学生实习实训及生活情况，了解学生实训的项目内容，督促学生配合学院实训中心工作，按时提交实训阶段的材料。

(4)校内指导教师必须在所负责的学生中，挑选1～2名学生作为联系人，负责实习实训期间的日常管理，并向教师汇报在实训机构的情况。

(5)监督学生每周上交电子版的实训周志，实训结束后提交纸质版的实训周志并签字。填写《校内教师指导工作完成情况记录表(每周)》。

(6)学生实训时间为每年的9月至12月，实训材料于12月中旬统一交至学院实训中心，并由学院实训中心组织召开实训工作总结会(参会人员包括负责教学的学院领导、实训中心主任及工作人员、各校内指导教师)，根据指导教师的实际表现给予计算相应的工作量。

(7)实训结束后，进入毕业设计阶段，时间为1月至5月。校内指导教师于第6学期开学的第2周前将学生毕业设计的周志及校内负责教师指导工作完成情况记录表提交至实训中心，以便进行校内负责教师工作的评价。校内指导教师要督促学生按照学校要求和规格完成毕业设计工作。

(8)校内指导教师有义务参与到相关工作中,与实训中心工作人员一起认真考察实训机构的资质(提供学生进行实习实训的条件,包括生活和学习各方面的条件),有义务参加每年的外出巡视(组织系里相关领导、指导教师前往实训机构所在地进行调查走访)以及到实训单位处理毕业答辩工作。

(9)指导学生毕业设计结束,校内指导教师必须提交所有相关工作材料,以便确定工作是否认真负责。提交材料包括开题报告、毕业论文(学校规定的毕业设计档案袋中规定提交的材料)、毕业设计指导记录(如QQ聊天记录、电话记录、短信记录等)、《校内负责教师指导工作完成情况记录表(每周)》。

(10)毕业设计指导教师的工作量考核标准按照1个工作量(每周)、每学生以毕业设计环节16周计,必须提交学生毕业设计周志(16份/人)、《校内负责教师指导工作完成情况记录表(每周)》16份、学生毕业设计档案袋中规定提交的材料、指导记录若干,由教学工作小组对工作进行衡定,给出评价等级,评价结果分为:合格、基本合格、不合格。合格的给予全额工作量,基本合格的给予50%的工作量,不合格的不计算工作量。

第五,企业按照学校的要求,对学生的整体表现、能力、完成工作的情况及效果等方面进行考核,考核结果上交学校,作为学生成绩评定的重要依据,或者某些环节以企业的评价标准为主。另外,在毕业设计答辩时,答辩小组由校方人员与企业工程技术人员共同组成,以便充分参考企业方的评价意见。

六、其他方面

(一)合作共赢与风险共担

实习实训工作的指导思想原则是"多方受益"。首先是学生受益(学生切实学到知识、得到锻炼、积累经验),其次是学校受益(社会效益和经济效益),最后,实训机构也肯定会受益,更进一步地说,将来的用人单位应该是最大的受益者。

校企合作办学也是有一定风险的,比如学生离开学校到企业实习实训,安全就是一个非常重要的问题,学校、学生与企业将承担非常大的风险。为此,除了加强管理外,学校给每一个外出实习实训的学生都购买了意外伤害保险。再比如,学生经企业实训后,仍然没有按期就业,企业将拿不到相应的实训费,或者企业将免费继续给学生实训,直到就业为止。

可见,校企合作办学必然是合作共赢、风险共担的。

(二)就业

由于各种客观原因,近些年,大学生毕业后就业不是一件容易的事情,特别是计算机类的专业,由于盲目扩招以及众多学校都办有计算机类专业,导致该类学生就业非常困难。

校企合作办学的另一个重要的目的就是利用企业的优势,解决学生毕业后的就业问题。实训企业身处生产第一线,与很多生产企业或用人单位保持着紧密的联系,对市场需求非常了解,拥有比学校更多的就业渠道。因此,校企合作办学时,必须重点关注企业在解决学生就业方面的巨大作用。例如,某软件园实训基地在办理学员入学手续时就与学员签订《学员就业安置协议书》,明确就业岗位、薪资,承诺完全就业,不能就业就退还全部培训费。一些实训单位甚至承诺100％帮助学生就业。

（三）协议与合同

所谓协议，是指有关国家、政党、企业、事业单位、社会团体或者个人，在平等协商的基础上订立的一种具有政治、经济或其他关系的契约。协议，在其所表示的意义、作用、格式、形式等方面基本上与合同是相同的。两者都是确立当事人双方法律关系的法律文书。合同与协议虽然有共同之处，但两者也有明显区别。合同的特点是明确、详细、具体，并规定有违约责任；而协议的特点是没有具体标的、简单、概括、原则，不涉及违约责任。从其区别角度来说，协议是签订合同的基础，合同又是协议的具体化。

校企合作办学涉及学校、企业与学生三方的经济、责任、义务等方面的问题，应该借助于协议与合同，维护各自的利益。特别是学生，以前几乎没有跟协议或者合同打过交道，利用校企合作办学的机会，让学生跟企业签订相应的协议或合同，这样既能让学生借助法律手段维护自身的利益，还能增强他们的法律意识，为日后的工作增加见识。

（四）校企共建专业教学指导委员会

为全面提高专业教育教学质量，增强办学特色，培养与地方经济和社会发展紧密结合的高素质专门人才，成立专业教学指导委员会是专业建设的重要工作之一。专业教学指导委员会是专业建设的咨询、督导机构，协助主管领导改革人才培养模式，确定所在专业培养目标、专业知识、能力和素质结构，制（修）订专业人才培养计划，做好课程建设与改革，加强实训、实习基地建设，改善师资队伍结构。

本专业的教学指导委员会按专业方向进行了细分，原因是不同方向差异比较大。另外，由于企业界的代表往往比较繁忙，在讨论人才培养方案等问题时，未必能抽出时间坐下来共同讨论。为此，每个方向都尽量多邀请一些企业代表，以保证真正会商专业教学时有足够的企业界代表参加。

（五）共同打造教学资源

校企合作办学要求企业参与教学过程，帮助学生更好地完成实习实训，甚至承担某些课程的理论教学。校企双方各有所长，为更好地发挥各自的优势，共同构建教学所需的各种资源就变得非常有意义，如合作编写教材、提炼教案、精选教学案例、设计教学网站、分解实训项目等。

就教材而言，传统的教材比较重视基本的理论完整性、结构系统性、逻辑严密性以及知识的深度，有助于学生尽快地掌握基本的理论、概念、原理、原则，但其不足也很明显，那就是忽视了实践和应用，因而不能很好地培养学生的实践能力。那么，应该采用什么样的教材呢？由于应用型人才既要有宽厚的理论基础，又要具备较强的动手能力，因此教材建设既要考虑为学生搭建可塑性的知识框架，又要从实践知识出发，建立理论知识与实践知识的双向、互动关系。这种教材并不是按照从理论到实践或者从实践到理论的单向方式进行组织，或者把理论部分与实践部分割裂开来，而是将理论知识与实践知识有机地融合起来，在理论知识与实践知识的循环往复中发挥促进掌握理论知识和培养动手能力的作用。因此，这样的教材值得校企双方的教师和工程技术人员认真去探索。

(六)培育“双师型”教师队伍

在影响学生发展的诸多外在因素中,教师因素显然是第一位的。一般来说,高校教师的素质由知识系统、能力系统以及教师职业道德三部分组成。相对而言,计算机专业教师素养有其自身的特殊性:在知识系统方面,应用型人才宽广、先进的知识定位,决定了教师自身应具有扎实的理论功底,对所教授的专业有充分的了解和整体的把握,具有开放式的知识结构,可不断更新和深化自身的知识体系,能及时掌握本学科的学术前沿和发展动向,了解企业行业的管理规律以及对人才的需求等。在能力系统方面,应用型人才综合性、实用化的能力特征,决定了教师应有较丰富的实践经验,具备综合应用各种理论知识解决现实问题的能力,从而可能在教育教学过程中给学生以示范的作用,同时,应具有较强的开展应用研究的科研能力,能不断通过科研来反哺教学,应具有较强的自我发展能力,善于接受新信息、新知识、新观念,能不断提高自己,主动适应变化的形势。

正是基于应用型人才培养规格对专业教师在知识与能力方面的双重要求,一些学者提出,应用型教师应该是“双师型”的,即既重视基础知识、应用知识的学习与积累,又重视综合解决问题能力、学习能力、使用技能的培养和提高。从目前的实际情况来看,学校现有的师资是达不到这个要求的,需要通过各种途径、创新管理制度等来解决此问题。

(七)科研合作

学校与企业开展科研项目联合攻关能为校企合作办学提供强有力的支撑作用。原因很简单:一是学校与企业开展科研合作,有利于校企加强联系、紧密协作;二是开展科学研究尤其是应用性研究对学科建设可以起到先导性作用;三是将有关科学理论与实验方法应用于实际,具有直接为经济建设服务的能力;四是学生有机会参加科研项目的有关工作,可直接得到科研训练,从而获取宝贵的科研能力。

第三节　校企合作的几种主要模式

模式是“一组共同的认识假设”。亚当·斯密在《心灵的力量》一书中指出:“模型或模式是我们感知世界的方法,它如同鱼类的水。模型或模式向我们解释世界,并协助我们预测世界的行为。”研究计算机教育校企合作模式的目的主要在于提高对计算机教育的特点和校企合作办学重要性的认识,以期对构建适应本地经济发展的现代教育人才培养模式达成共识。

由于计算机教育的作用是培养生产、建设、管理、服务第一线的应用型人才,其培养目标的定位说明与其他教育相比,与生产实践的关系更为直接。校企合作办学有效地解决了实习难、就业难、招生难等重大问题,又使企业得到了岗位需求的人才,实现了企业、学校双赢。近年来,我国各院校坚持以就业为导向,采取多种形式与重点行业、支柱产业合作办学,建立和完善校企合作、工学结合的办学机制,为我国的经济发展培养了大批技能型人才和高素质劳动者,并探索出了具有计算机教育特色的校企合作办学模式。

一、企业独立举办计算机院校模式

所谓企业独立举办计算机院校模式，一是在原有企业职工大学或有关教育机构的基础上改制举办计算机学校，二是企业独立投资举办职业学校。企业独立举办职业学校在实施校企合作、工学结合的办学途径中具有自己独特的优势，其特点在于实现了企业与学校一体化，企业直接主管学校，学校直接为企业服务，但也存在一定的问题，如投入不足、不享受公益事业单位的政策等。

（一）企业独立举办计算机院校模式分析

根据国家大力发展民办计算机教育的精神，支持企业独资兴建计算机院校或职业培训机构，企业要继续办好原有的计算机院校，其他经济效益好、具备办学条件、有实力的企业也可以在整合自有各种教育资源或盘活其他计算机教育资源的基础上，独资兴办职业院校或职业培训机构。对此，各级教育、经贸、劳动和社会保障部门应该加强指导，在同等情况下优先发展，优先审批，优先扶持。

（二）企业独立举办计算机院校模式案例的启示

通过查阅企业独立举办计算机院校模式案例资料，对这些案例进行分析，得到如下启示。

1. 免除学生找工作的后顾之忧

“课堂设在车间里，学校办在企业内”，这是企业独立举办计算机教育的独特优势。学校根据企业的要求，不断更新教学内容，改进教学方法，使学生学有所专，学有所长，学有所用。学生走上工作岗位后，都能很快适应工作的要求。某职业计算机学院为了使学生免除找工作的后顾之忧，学校与某集团公司签订协议，实行订单式培养。学校根据集团公司用工情况设立专业招生，使学校和企业实现了“零距离”合作。

2. 坚持为企业培养优秀技术工人的宗旨

技工学校是这种模式的典型代表。技工学校在培养学生实践动手能力方面有着优秀的传统、扎实的工作作风，坚持以就业为导向，坚持为企业培养优秀技术工人。

3. 贴近计算机教育本质的实习教学

这种模式中，计算机学校与企业有着天然的联系，背靠企业，服务企业，真实的生产环境就在身边，为学校的实习教学提供了极大的便利，也更贴近计算机教育教学的本质。如某高级技工学校坚持“丰田培养模式”的实习教学，在实习教学中努力做到一人一机（岗），真机床、真材料、真课题、真训练，实习指导教师对操作的基本动作进行分解，按分解步骤进行指导示范，一步一步地指导学生训练，保证学生基本操作符合标准规范。

4. 实现教师与企业研发人员的互动

这种模式中，人事管理隶属主管企业或行业。因此，更容易实现教师与企业技术人员的互动。高等职业技术学院的“产学研”主要侧重将教学与生产、新科学、新技术与新工艺的推广、嫁接和应用的紧密结合。针对这一特点，某信息职业技术学院以“产学研”为导向，充分利用各种教育与技术资源优势，与知名IT企业共同培养“双师型”(教师、工程师)、“双薪制”(企业薪酬、学校课时费)、“双岗位”(教学岗位、研发岗位)的师资队伍。例如：学院每年以“双薪制”从合作企业遴选有企业实践经验和良好授课能力的高学历研发人员作为“双师型”教师，完成部分专业课和实践课教学任务；通过委派教师深入软件园各企业参与项目开发工作，实现教师与研发人员互动，确保教师的知识更新率每年在20%～30%，保证实训教学的需要。

5.发挥培训基地作用，开展对企业员工的全员培训和全过程培训

企业举办计算机院校，可以更方便、更有针对性地为企业员工的岗位培训提供服务。如某职业中专充分发挥教育培训基地作用，积极开展对企业员工的全员培训和全过程培训，为企业提供了强有力的人才和智力支持。学校每年和公司人力资源部共同研究制订年度企业员工培训工作计划，明确培训目标，落实培训措施，完善培训评估考核标准，增强了企业员工培训工作的针对性和有效性。近几年，每年培训企业职工6 000人次，不但优化了企业人力资源增量，为企业和社会提供了高素质的技能型人才，而且有效地盘活了企业人才资源存量，提升了企业员工的整体素质，成为企业名副其实的人才孵化器。

二、职教集团模式

职教集团办学模式是指：以职教集团为核心，由职业学校、行业协会和相关企事业单位组成校企合作联合体。如某开发区职教集团是“以名人(名师、名校长、名校)效应为纽带的教育联合体”，即以开发区职业中专为主体，以相关专业群为纽带，根据自愿、平等、互惠互利的原则，集中多所国内职业学校和企业组建而成。它实行董事会管理下紧密联合、独立运转的办学模式。其宗旨在于优化教育资源配置，集群体优势和各自特色于一体，最大限度地发挥组合效应和规模效应，促进计算机教育的发展。

(一)职教集团模式分析

职教集团模式的基本特点：一是坚持以为行业、企业服务为宗旨；二是具有规模效益，教育要素可以达到优化配置，提高运行效率，降低内部成本，实现学校与企业的产学合作和利益一体化，从而可以实现规模经营；三是职教集团不具有法人资格。这种模式适用于各类计算机教育集团。这种模式的优势在于：一是具有规模效益，有利于形成产学联盟，提高管理的标准化水平和专业化程度；二是通过大量采购，可以节约交易费用和供给成本；三是通过大规模市场推广，能够营造优势品牌，克服市场进入壁垒。

(二)职教集团模式案例的启示

1.集团促进了办学体制的创新

3年来，大连开发区计算机教育集团的实践证明，将若干个中高等计算机院校联合起

来，组建计算机教育集团，实行纵向沟通、横向联合、资源共享、优势互补，把计算机教育做大、做强，对于打破单一的办学模式所表现出来的惰性和封闭性弊端有重要作用，为促进薄弱职业学校的发展提供了良好的发展机遇。

2. 集团实现了计算机教育资源的整合

计算机教育集团将有形资源（如人力、物力、财力）和无形资源（如学校声誉、信息情报、计划指标等）按优化组合的方式进行最佳配置，做到人尽其才、物尽其用、财尽其力。

3. 集团促进了计算机教育的优势互补

加入集团的学校在资金、实验实训条件、实习基地、学生就业等方面，通过合理分工，可以实现优势互补与拓展。一是实现地域和空间优势互补，即特色各异的地域和空间优势，给学校带来了连锁互动、互补发展的契机；通过组织校际间的活动，开阔学生视野，为学生成长提供大环境和大课堂，也为学校的教育教学带来生机。二是实现人才的优势互补，即集团化的大空间办学形式为汇集名师、优化教师结构、精选骨干教师提供了更多、更好的机会，使人才优势得到充分展示。三是实现职业学校内部管理的优势互补，即集团学校之间，联合办学、连锁发展，有利于在更广泛的范围内进行管理经验交流；集团内的学校之间有各自的管理特色，其内部管理优势就成为他校借鉴的依据，可达到相互融通、共同发展提高的目的。

4. 集团加强了职业学校的专业建设

通过集团统筹，调整专业结构，实现学科和专业建设上的分工；根据经济结构调整和市场需要，加快发展新兴产业和现代服务相关专业；集中精力办好自己的特色学科和专业，避免了学校之间在学科和专业设置上的重复。

5. 集团推进了各成员学校的教学改革

计算机教育集团化，集团内的学校可以实行弹性学制和完全学分制，实现学分或成绩互认；集团内的学校根据自己的优势和特色开设选修课程，可以充分提供学生选课余地；有利于职业学校教学上集理论、实践、技术、技能于一体的培养目标的实现，客观上可以吸引更多的学生就读于集团内的学校。

三、资源共享模式

资源共享是校企合作的共性特征，一切校企合作都具有资源共享的特点。这里所讨论的资源共享模式是指充分利用计算机院校资源，与对应的行业、企业通过合作共建实训基地和举办职业教育培训机构等方式，培养与培训相结合，与企业零距离培养学生实际操作能力，培训“双师型”专业教师和企业在岗职工。

（一）资源共享模式分析

资源共享模式的基本特点：一是实现培养与培训相结合；二是开展“订单培养”，学校按照企业人才要求标准为企业定向培养人才；三是实现学生、教师、学校、企业共赢。

资源共享模式适用于所有职业学校。在实施这种模式时，坚持优势互补、资源共享、互惠互利、共同发展的原则。

校企合作资源共享模式因有适用范围广，学生、学校、企业共同受益且明显等特点，故得到了认同，被许多学校所采用。这是目前我国计算机教育领域校企合作采用比较多的一种模式。其优势如下：一是解决了学校生产实习教学所需的场地、设备、工具、指导教师不足等问题；二是促进了学校的招生工作，广泛的订单培养模式的实施，使学生毕业即就业，顺畅的就业渠道促进了学校招生；三是为构建高素质的“双师型”教师队伍创造了方便的条件；四是为在岗职工文化与技能培训找到了优质的教育资源。资源共享模式虽然被大多数学校采用，但也有一定的局限性，其主要局限是合适的选择。如合作的实习单位或实习岗位选择得不合适，将不能实现“优势互补、资源共享、互惠互利、共同发展”，不仅如此，还有可能给合作的双方带来负担或者是伤害。

（二）资源共享模式案例的启示

1.“互惠互利”在校企合作形成真正的利益共同体中得到体现

通过合作，企业向学校提供仪器、设备和技术支持，建立校内“教学型”实习、实训基地；同时，企业根据自身条件和实际需要，在厂区车间内设立“生产与教学合一型”校外实习、实训基地。学校与企业各得所需。

2.“双师型”专业教师得到企业的优质资源及最新模式的培训

学校和企业联合共同培养“双师型”教师队伍。某汽车工程学校与某汽车集团合作，集团出资 800 万元，学校出资 100 万元，共同培养高技能型教师。经过培训的“培训师”专业教师，不仅要担负学校专业教师的培训任务，还要承担地方汽车专业教师培训任务，同时又在集团兼任在岗职工的培训任务。校企教师、设备、教材优势互补、互惠互利，在社会、汽车业产生了很大影响，全国各地汽车及相关品牌企业也加入了人才培训基地的建设。

3.资源共享在培养与培训相结合中得以实现

资源共享在培养与培训相结合中得以实现，如某汽车工程学校除了通过学历教育培养未来的汽车中等技术人才外，学校自觉承担起面向企业培训员工的任务。企业与学校共同结合改革和发展的实际，制订计算机教育培训规划与年度计划，积极开展员工的全员培训和全过程培训，努力建设学习型企业。来自汽车发动机公司的汽车发动机装配初级工、中级工、高级工、技师 4 个级别共 146 人，加工中心操作工 78 人，由学校具有丰富教学经验的专业课教师和外聘专家上课，以国家人力资源和社会保障部技术等级教材为内容进行培训，并结合公司生产实际，安排技能操作实习课。

四、厂校合一模式

厂校合一模式，即企业（公司）与学校合作办学，成立独立办学机构，实现企业（公司）与学校合一的模式。合办的办学机构或以企业冠名或以学校冠名。办学机构教学计划是根据企业的需要，由企业组织专家提出方案，学校审核后制定。学生的实训、毕业设计主要由企业组织落实。

(一)厂校合一模式分析

厂校合一模式以培养学生的全面职业化素质、技术应用能力和就业竞争力为主线,充分利用学校和企业两种不同的教育环境和教育资源,通过学校和合作企业双向介入,将在校的理论学习、基本训练与企业实际工作经历的学习有机地结合起来。其主要特征是:一是学校与合作企业要建立相对稳定的契约合作关系,形成互惠互利、优势互补、共同发展的动力机制。二是企业为学生提供工作岗位、企业对学生的录用由企业与学生双向选择决定。厂校合一即企业(公司)与学校合一,教学设备与企业(公司)设备合一,员工与学生合一,教学内容与公司生产产品合一。这种模式适用于学校根据市场需求新增设的专业或为适应市场需求而改建的专业。

在选择合作伙伴时要以市场需求为基本原则,应坚持可行性原则。

厂校合一模式的优势:一是有利于激发企业办学的积极性,二是有利于学校建立起以市场为导向的培养目标,三是有利于形成灵活且具职业功能性的课程体系,四是有利于实施实践教学,五是有利于培养"双师型"教师队伍。

(二)厂校合一模式案例的启示

1.开发适应市场经济的专业,培养企业所需要的技术人才

厂校合一模式的结合点主要体现在专业开发和专业设置上,企业所需要的人才是学校在一定的专业中定向培养出来的,因而专业设置必须合乎市场的需要。某职业技术学院"号准市场脉搏",以社会的需要而不是学校现有的条件来设置、调整专业,创设电子商务、通信与信息技术应用、应用生物技术、精细化工工艺等新专业,强调培养具有实际工作经验的人才,能解决企业实际问题的人才。该校创造性地提出"零适应期"的培养目标,要求培养出来的学生与社会"零距离",到企业上岗"零适应期"。正因为有以市场为导向的培养目标,有行之有效的培养措施,培养出的毕业生特别受社会欢迎,赢得了社会声誉,也奠定了校企合作的坚实基础。

2.课堂教学与现场教学有机结合

厂校合一模式正是把课堂教学与现场教学有机结合起来,既为学生掌握必要的职业训练和做好就业准备提供了条件,又可以把在工作岗位上接触到的各种信息反馈给学校,使学校不断更新课程教学内容,提高人才培养质量。

3.实施项目实例教学法

项目实例教学法的实施,不仅使学生在技能水平上达到了一个经验型技能人才的标准,而且将一个真实生产环境下的企业文化、管理系统、业务规范、质量要求氛围呈现在学生面前,对学生产生了潜移默化的影响。

4.真正激发企业办学的积极性

计算机教育改革与发展的根本动力从客观上说不是来自教育部门内部,而是来自经济

部门和就业部门。一所计算机院校的成功，无论是专业设置、培养计划的制订、教学环节的实施，还是学生的就业，都离不开企业的支持与配合。某职业技术学院通过厂校合一的合作方式，向企业提供高质量的毕业生。学校教师到企业兼职，帮助企业进行技术开发。通过专业或班级以企业命名，在校园免费给企业提供厂房、展示平台等方式，促进了企业的发展，提高了企业的效益，扩大了企业的知名度。这些措施极大地激发了企业办学的积极性。企业会以更大的热情投身到合作院校的发展中来。

五、科技创新服务型模式

科技创新服务型模式，即计算机院校立足本校的重点和品牌专业，研发新产品、新技术，将研发的新产品、新技术应用于企业，为行业和企业提供科技创新服务。学校建立若干个与行业、企业、科研机构合作的科技创新服务中心，以为行业和企业，特别是中小企业服务为主，实现校企合作、工学结合。在为企业服务的同时，获得自身发展所需的行业信息、实习指导教师、真实职业环境。

(一)科技创新服务型模式分析

1.科技创新服务型模式的特点

科技创新服务型模式的特点：一是以职业学校为主体，以科技创新服务为切入点，服务于企业；二是利用学校自身教师和教育设施的优质资源，开展科技创新，研发新产品、新技术，以产促教，使教育资源得到充分合理利用；三是发挥了学校在产、学、研合作中的主导作用，兼顾了学校效益、经济效益、社会效益。

校企合作科技创新服务型模式中拟合作的对象是与职业学校重点和品牌专业相对应的或相关的行业、企业、科研机构、其他高校等部门。

实施此种模式，一要坚持与职业学校所设专业相同或相关的原则。这样，既可充分利用学院相关专业的人员、设备进行科技创新研究、服务，同时，因项目合作需要添置的人员、设备，也可以服务于高职专业教学，从而实现教育资源优化配置，促进专业建设。二要坚持以社会经济发展需要为当地支柱行业发展提供科技创新服务的原则，侧重技术应用研究，注重新技术的应用与推广，并结合学校在技术应用研究领域的相对优势，从而奠定合作项目的可行性基础。

2.科技创新服务型模式的优势

科技创新服务型模式的实质是产、学、研结合，这是一种以科研合作为主的合作，目的是促进科研成果的转化。它的优势是：

(1)有助于计算机院校学生综合素质与能力的培养。科技创新服务型模式从有利于人才培养的角度出发，学生通过参与科技创新服务，结合所学专业知识与技能，锻炼了创新思维与解决实际问题的能力，并且能使学生更深层次地接触、认识企业的生产实践，从而也在一定程度上提高学生的就业竞争能力。

(2)有助于教师科研能力的培养和“双师型”教师队伍建设。以科技创新服务为切入点，一则强化了教师的科研意识，促使教师深入企业，主动进行应用技术研究；二则通过各科技创新服务平台为教师进行技术应用研究提供便利，帮助教师提高科研能力；三则促进计算机院校教师提高技术应用能力，培养掌握该行业先进技术、满足行业企业需要的技术、技能型人才。

(3)有助于与行业技术发展保持一致的专业建设。计算机院校以培养应用型人才为主要特征，其专业建设必须与相关行业技术应用发展紧密联系。职业学校只有与企业合作进行科技创新研究，才能使专业建设与行业发展保持一致而不滞后，以确保其人才培养目标的实现。

科技创新服务型模式要求服务的技术含量高，要求具有高科技含量的科研成果和实用技术。就目前职业学校的现状来看，一般职业学校不具有这种实力，因此适用范围有限。

(二)科技创新服务型模式案例的启示

1. 科技创新服务型模式成功的原因

市场需求是校企合作科技创新服务型模式成功的基础，学校自身的科技创新能力是成功的关键，校企双赢是成功的动力。

(1)市场需求是成功的基础。目前，我国只有部分大型企业具备一定的产品研发能力，而绝大部分中小型、民营企业基本上不具备自行投入科研的实力。企业研发水平的现状呼唤市场为其提供从产品的设计开发到批量生产的科技创新服务。这就为科技创新服务提供了机遇，能否抓住这个机遇，科研能力就成了关键。

(2)学校自身的科技创新能力是成功的关键。以下两个案例成功之处就在于它们具有了这种能力。某工贸职业技术学院具有国家级的精品专业及掌握精品技术的教师，某城市建设学校拥有国家一级建材试验室及50余名具有国家一级职业资格证书的教师。两所学校都建立了提供技术创新服务的专门机构——技术创新服务中心。

(3)校企双赢是成功的动力。该城市建设学校研发的“绿色环保高性能混凝土最佳配合比”成果用于企业，仅一个工程项目就为企业节约成本近百万元，企业在取得了经济效益的同时又有环保收获。在服务的同时，学校也取得了收获，合作企业不仅为学校安排施工现场作为专用教学地点，并无偿提供人员、设施、仪器的支持，还为学校模拟售楼处赠送了价值近20万元的沙盘模型。

2. 专业建设与行业技术发展保持一致，以确保人才培养目标与社会需求相适应

专业建设是职业学校与经济社会发展的重要接口。“按照市场需求设置专业，按照岗位需求设置课程”是职业学校专业设置、课程改革的依据，从专业、课程的设置，到教学计划的修订、教材的开发，直至教学效果的评价，无不围绕企业用人的标准在进行。然而，要想让专业建设的速度与经济发展及技术更新的速度并驾齐驱并不容易。“专业建设与行业技术发展保持一致”变成了某些职业学校的奢望，是可望而不可即的事情。这两个案例还为我们提供了专业建设引领行业发展、促进行业发展的成功经验，也体现了教育的领先性、超前性。

3.依托专业发展产业,以产业发展促进专业建设

利用所办精品专业的品牌优势创建相应产业。例如,某城市建设学校成立了建筑技术咨询、房地产信息咨询、物业管理等股份制企业;某工贸职业技术学院围绕鞋类设计与工艺专业建设需要,建立了中国鞋都技术中心、轻工产品舒适度研究中心、鞋类数字化重点实验室、鞋类材料研究中心、温州传统工艺美术研究所等相关机构。这些机构的设立促进了学校专业建设和发展,在使教育资源得到充分合理利用的同时还为学校进一步发展提供了资金支持。

4.适用范围

校企合作科技创新服务型模式不仅适合于高等职业学校,也同样适合于中等职业学校,也就是说,能否提供科技创新服务只与学校的科技创新水平有关,而与学校的层次无关。

六、企业参股、入股模式

企业通过投资、提供设备和设施等方式,参股、入股举办职业教育。

(一)企业参股、入股模式分析

企业参股、入股模式的基本特点:一是学校、企业双方共同出资,利润和风险共同承担,校企合作体具有独立法人资格;二是学校既有利用自身教育资源优势,努力为企业提供合格人才的义务,同时又有从企业一方获得投资回报,要求企业为其获得的人才"买单"的权利;三是企业既有为所需人才的培养付费并提供相关支持的义务,又有要求学校按质量与数量提供合格人才的权利。

(二)企业参股、入股模式案例的启示

1.有利于建立由企业"购买"培训成果的机制

大的企业或企业集团需要长期、有计划地录用符合本企业特殊需要的技能型人才,那么,采用这种模式,可有利于建立由企业"购买"培训成果的机制。例如:德国拜耳公司与上海石化工业学校合作,在学校设立"拜耳班",长期、有计划地为拜耳在上海化学工业园区的生产企业培养其所需的操作技术人员。为此,拜耳公司投入100万欧元用以建设"拜耳(中国)实训基地",并承担部分骨干教师去德国拜耳公司考察的费用。上海赛科石化公司则向学校支付培训费150万元,设立8万元"赛科"奖学金,同时为学校部分教室配置近20万元的多媒体教学设施等。德国巴斯夫公司除设立"巴斯夫"奖学金外,还承担学校教师5年内去德国培训的费用等。通过这种模式的校企合作,容易构建起由企业"购买"培训成果的机制。

2.注重企业文化的渗透教育

在进行"订单"式培养的教学实践中,校企双方十分重视对学生进行企业文化的渗透教育。每次企业冠名班开学或者学生与企业举办联谊会时,企业领导都会亲自参加,宣传企业

文化，介绍企业的历史和经营理念，以企业各自独特的文化亲和力，对这些企业未来的员工进行熏陶。学生都以进入企业冠名班为骄傲，以一种“准员工”的使命感自觉进行知识和能力储备。

七、“双元制”模式

“双元制”是德国首创的一种计算机教育模式。其基本操作形式是：整个教育教学过程分别在企业和职业学校两个场所进行，企业主要负责实践操作技能的培训，学校主要负责专业理论和文化课的教学。

（一）“双元制”模式分析

“双元制”模式的基本特点：一是教学过程分别在企业和职业学校两个场所进行；二是企业主要负责实践操作技能的培训；三是学校负责专业理论和文化课的教学；四是接受“双元制”职业教育的人既是企业学徒，也是职业学校的学生；五是从事计算机教育的人既有企业的培训师傅，也有职业学校的教师。“双元制”模式适用于借鉴“双元制”的学校及专业。

（二）“双元制”模式案例的启示

（1）制定统一的培训规章和统一的教学计划。

（2）受培训者与企业签订培训合同，成为企业学徒。

（3）受培训者在职业学校注册，成为学校的学生。

（4）受培训者在不同的学习地点接受培训与教育。

（5）进行中间考试与结业考试。

（6）企业和个人双向选择确定工作岗位。

（7）接受“双元制”培训的技术工人还可以通过多种途径进行深造、晋级（职）。

第六章　计算机系统软件概述

计算机系统的功能是靠硬件和软件协同工作来实现的，软件是用户与硬件之间进行交流的桥梁，用户通过软件将数据、命令、程序等信息传递给计算机硬件，控制和操作硬件工作，得到需要的结果。软件是为运行、维护、管理和应用计算机所编制的程序及其需要的数据和文档。根据软件的不同作用，通常将软件大致划分为系统软件和应用软件两大类。系统软件包括基本输入输出系统(Basic Input Output System，BIOS)、操作系统、程序设计语言处理系统、数据库管理系统等。本章将主要介绍系统软件的相关知识。

第一节　基本输入输出系统概述

基本输入输出系统(BIOS)是计算机系统软件中与硬件关系最密切的软件之一。BIOS程序是计算机开机加电后第一个开始执行的程序，完成硬件检测及基本的设置功能。BIOS也为操作系统及其他自启动程序的开发、加载提供接口，是计算机系统中最基础的系统软件。

一、BIOS 概述

BIOS是系统内置的在计算机没有访问磁盘程序之前决定机器基本功能的软件系统。就个人计算机而言，BIOS包含控制键盘、显示屏幕、磁盘驱动制串行通信设备和其他很多功能的代码。BIOS为计算机提供最低级、最直接的控制，计算机的原始操作都是依照固化在BIOS的内容来完成的。常用的BIOS芯片基本都是由AMI和Award两家推出的。

二、BIOS 的组成

固化在只读存储器(ROM)中的BIOS程序包括以下几部分。

1. BIOS 中断服务程序

中断是改变处理器执行指令顺序的一种事件，这样的事件与CPU(中央处理器)芯片内外部硬件电路产生的电信号相对应。计算机在执行程序的过程中，当出现中断时，计算机停止现行程序的运行，转向对这些中断事件的处理，处理结束后再返回到现行程序的间断处。引起中断产生的事件称为中断源，包括外部设备请求、发生设备故障、实时时钟请求、数据通道中断、软件中断等。CPU 对中断的处理是通过执行中断服务程序来实现的。中断服务程序是系统开发者针对某种中断事件事先编写好的，保存在内存的某个地址空间，其入口地址保存在中断向量表中。中断源在向 CPU 进行中断请求时，会告知 CPU 一个中断类型号（在 X86 系统中规定为 0～255 的整数），每隔 71 个数是一个整型数，对应一种中断服务程序。CPU 根据中断类型号，查找中断向量表，找出对应的中断服务程序的入口地址，进而调用该中断服务程序。BIOS 中包含很多中断服务程序（或者称为中断服务例程），比如显示服务（INT 10H）、直接磁盘服务（INT 13H）、键盘服务（INT 16H）等，可以为微型计算机软件和硬件之间提供可编程接口，用于软件功能与硬件设备实现衔接。

2. BIOS 设置项

目前，BIOS 设置程序有多种流行的版本，每个版本针对某一类或几类硬件系统，因此各个版本不尽相同，但每个版本的主要设置选项却大同小异。

3. 加电自检程序

微型计算机在接通电源后，系统有一个对内部各个设备进行检查的过程，该过程是由一个通常称之为加电自检（Power On Self Test，POST）的程序来完成的。完整的 POST 自检过程包括 CPU. 640 KB 基本内存、1 MB 以上的扩展内存、ROM、主板、CMOS（互补金属氧化物半导体）存储器、串口、并口、显示卡、硬盘及键盘的测试。自检中若发现问题，系统将给出提示信息或鸣笛警告。

4. BIOS 启动自举程序

BIOS 启动自举程序的作用是在完成 POST 自检后，按照系统 CMOS 设置中的启动顺序搜寻硬盘驱动器及 CD - ROM、网络服务器等有效的启动驱动器，读入操作系统引导程序，然后将系统控制权交给引导程序。操作系统从执行引导程序开始逐步完成操作系统内核的加载和初始化，完成系统的启动。

三、BIOS 的基本功能

一块主板或者说一台计算机性能优越与否，在很大程度上取决于其 BIOS 管理功能是否先进。BIOS 主要有系统自检及初始化、程序服务和设定中断三大功能。

1. 系统自检及初始化

开机自检程序是 BIOS 在开机后最先启动的程序，启动后 BIOS 将对计算机的全部硬件设备进行检测。检测通过后，按照系统 CMOS 设置中所设置的启动顺序信息将操作系统盘的引导扇区记录读入内存，然后将系统控制权交给引导记录，并由引导程序装入操作系统的核心程序，以完成系统平台的启动过程。

2. 程序服务

程序服务功能主要是为应用程序和操作系统等软件提供服务。BIOS 直接与计算机的 I/O（Input/Output，输入输出）设备打交道，通过特定的数据端口发出命令，传送或接收各种外部设备的数据。软件程序通过 BIOS 完成对硬件的操作。

3. 设定中断

设定中断也被称为硬件中断处理程序。在开机时，BIOS 就将各硬件设备的中断号提交到 CPU，当用户发出使用某个设备的指令后，CPU 就会暂停当前的工作，并根据中断号使用相应的软件完成中断的处理，然后返回原来的操作。DOS/Windows 等操作系统对软盘、硬盘、光驱与键盘、显示器等外部设备的管理就是建立在系统 BIOS 的中断功能基础上的。

与 BIOS 紧密相关的还有 CMOS。CMOS RAM 是系统参数存放的地方，而 BIOS 芯片是系统设置程序存放的地方，BIOS 设置和 CMOS 设置是不完全相同的，准确的说法应是通过 BIOS 设置程序对 CMOS 参数进行设置，而我们平常所说的 CMOS 设置和 BIOS 设置是其简化说法，也就在一定程度上造成了两个概念的混淆。

四、计算机启动过程

计算机设备从打开电源到进入操作系统界面，是由 BIOS 控制和配合计算机硬件进行工作的，下面简单分析计算机启动的一般过程。

(1)打开电源，电源开始向主板和其他设备供电，此时电压并不稳定，于是，当主板认为电压没有达到 CMOS 中记录的 CPU 的主频所要求的电压时，就会向 CPU 发出 RESET 信号(复位信号)。当电压达到符合要求的稳定值时，复位信号撤销，CPU 立刻从基本内存的 BIOS 段读取一条跳转指令，跳转到 BIOS 的启动代码处，开始执行启动系统的 BIOS 程序。

(2)执行 BIOS 启动程序会进行加电自检(POST)，它的主要工作是检测关键设备，如电源、CPU 芯片、BIOS 芯片、基本内存等电路是否存在，供电情况是否良好。如果自检出现了问题，系统扬声器会发出警报声(根据警报声的长短和次数可以知道出现了什么问题)。

(3)自检通过，系统 BIOS 会查找显卡 BIOS，找到后会调用显卡 BIOS 的初始化代码，此时显示器就开始显示了，BIOS 会在屏幕上显示显卡的相关信息。

(4)显卡检测成功后会进行其他设备的测试，通过测试后系统 BIOS 重新执行代码，并显示启动画面，将相关信息显示在屏幕上，而后会进行内存测试，最后是短暂出现系统 BIOS 设置的提示信息。此时，按下进入 BIOS 程序设置 CMOS 参数界面的按键，可以对系统 BIOS 进行需要的设置，完成后系统会重新启动。

(5)BIOS 会检测系统的标准硬件(如硬盘、光驱、串行和并行接口等)，检测完成后会接着检测即插即用设备，如果有的话就为该设备分配中断、DMA 通道和 I/O 端口等资源。至此，所有的设备就已经检测完成了。

(6)上述所有步骤都顺利完成以后，BIOS 将执行最后一项任务：按照用户指定的设备顺序，依次从设备中查找启动程序，以完成系统启动。假如设置的启动顺序是先从光驱启动，然后从硬盘启动，BIOS 会先去光驱中找启动程序，如果光驱中没有光盘，则系统接着从硬盘启动。如果启动的目的是要加载操作系统的话，接下来计算机将会先执行启动程序，然后加载操作系统，完成操作系统初始化后，将系统的控制权交给操作系统。

第二节 操作系统概述

在现代计算机系统中，硬件和软件种类繁多，特性各异，如何管理这些系统资源是一个十分重要的问题。为了满足这种对计算机资源管理的需求，操作系统逐步发展起来。操作系统是最重要的系统软件，其作用主要体现在两个方面：一是管理计算机的系统资源，二是为用户提供友好的操作界面。操作系统类型很多，功能也不尽相同，目前微型计算机上使用较多的是由 Microsoft 公司开发的 Windows 操作系统。

一、操作系统的定义

在使用计算机时，通常不是直接与计算机沟通，而是通过一个操作系统和它交互。操作系统是紧挨着硬件的第一层软件，是对硬件功能的首次扩充，其他软件则是建立在操作系统之上的。可把操作系统视为“管家”，负责管理其他“佣人”，把用户的要求传递给他们。如果希望运行一个程序，就把包含这个程序的文件名称告诉操作系统，再由操作系统运行程序。如果想编辑一个文件，也要告诉操作系统文件名称，它会启动编辑器，以便对那个文件进行处理。对于大多数用户来说，没有操作系统，大多数用户根本无法使用计算机。常用的操作系统有 Windows、Macintosh、UNIX、DOS 和 Linux 等。

操作系统是计算机系统中的一个系统软件，它是这样一些程序模块的集合，它们能有效地组织和管理计算机系统中的硬件及软件资源，合理地组织计算机工作流程，控制程序的执行，并向用户提供各种服务功能，使得用户能够灵活、方便和有效地使用计算机，使整个计算机系统能高效地运行。操作系统对硬件功能进行扩充，并统一管理和支持各种软件的运行。

因此，操作系统在计算机系统中占据着非常重要的地位，它不仅是硬件与所有其他软件之间的接口，而且任何数字电子计算机都必须在其硬件平台上加载相应的操作系统之后，才能构成一个可以协调运转的计算机系统。只有在操作系统的指挥控制下，各种计算机资源才能被分配给用户使用。也只有在操作系统的支撑下，各类编译系统、程序和运行支持环境才得以取得运行条件。没有操作系统，任何软件都无法运行。

二、操作系统的特征

操作系统作为一种系统软件，有着与其他一些软件所不同的特征。

（一）并发性

所谓程序并发性，是指在计算机系统中同时存在多个程序，例如，可以一边使用 Word 编辑文档，一边使用媒体播放器来听歌。从宏观上看，这些程序是同时向前推进的。

在 CPU 环境下，这些并发执行的程序是交替在 CPU 上运行的。程序的并发性具体体现在：用户程序与用户程序之间并发执行，用户程序与操作系统程序之间并发执行。

在多处理器的系统中，多个程序的并发特征就不仅是在宏观上是并发的，而且在微观（即在处理器一级）上也是并发的。在分布式系统中，多个计算机的并存使程序的并发特征得到更充分的体现。

应该注意的是，不论是什么计算环境，这里所指的并发都是在一个操作系统的统一指挥下的并发。比如，在两个独立的操作系统控制下的计算机，它们的程序也在并行运行，但这种情况并不是这里所叙述的并发性。

（二）共享性

所谓资源共享性，是指操作系统程序与多个用户程序共用系统中的各种资源。这种共享是在操作系统控制下实现的。

（三）随机性

操作系统的运行是在一个随机的环境中进行的，也就是说，人们不能对所运行的程序的行为以及硬件设备的情况做任何的假定。一个设备可能在任何时候向中央处理器发出中断请求，人们也无法知道运行着的程序会在什么时候做什么事情，因而，一般来说，人们无法确切地知道操作系统正处于什么样的中断状态中，这就是随机的含义。但是，这并不是说操作系统不可以很好地控制资源的使用和程序的运行，而是强调了操作系统的设计与实现要充分考虑各种可能性，以便稳定、可靠、安全和高效地达到程序并发和资源共享的目的。

操作系统主要有以下两方面重要的作用。

1. 管理系统中的各种资源

操作系统要管理系统中的各种资源，包括硬件及软件资源。在计算机系统中，所有硬件部件（如 CPU、存储器和输入输出设备等）均称作硬件资源，而程序和数据等信息称作软件资源。因此，从微观上看，使用计算机系统就是使用各种硬件资源和软件资源，特别是在多用户和多道程序的系统中，同时有多个程序在运行，这些程序在执行的过程中可能会要求使用系统中的各种资源。操作系统就是资源的管理者和仲裁者，由它负责在各个程序之间调度和分配资源，保证系统中的各种资源得以有效的利用。

在这里，操作系统管理的含义是多层次的，操作系统对每一种资源的管理都必须进行以下几项工作。

（1）监视这种资源。该资源有多少、资源的状态如何、它们都在哪里、谁在使用、可供分配的又有多少、资源的使用历史等内容都是监视的含义。

（2）实施某种资源分配策略，以决定谁有权限可获得这种资源、何时可获得、可获得多少、如何退回资源等。

（3）分配这种资源。按照已决定的资源分配策略，对符合条件的申请者分配这种资源，并进行相应的管理事务处理。

（4）回收这种资源。在使用者放弃这种资源之后，对该种资源进行处理，如果是可重复使用的资源，则进行回收、整理，以备再次使用。

2. 为用户提供良好的界面

一般来说，使用操作系统的用户有两类：一类是最终用户，另一类是系统用户。最终用户只关心自己的应用需求是否被满足，而不在意其他情况，至于操作系统的效率是否高、所有的计算机设备是否正常，只要不影响使用，他们则一律不去关心，而后面这些问题则是系统用户所关心的。

操作系统必须为最终用户和系统用户这两类用户的各种工作提供良好的界面，以方便用户的工作。典型的操作系统界面有两类：一类是命令型界面，如 UNIX 和 MS - DOS；另一类则是图形化的操作系统界面，典型的图形化的操作系统界面是 MS - Windows。

三、操作系统的功能

操作系统的主要任务是为多道程序的运行提供良好的运行环境，以保证程序能有条不紊地、高效地运行，并能最大限度地提高系统中各种资源的利用率和方便用户的使用。为了完成此任务，操作系统必须使用三种基本的资源管理技术才能达到目标，它们分别是资源复用或资源共享技术、虚拟技术和资源抽象技术。资源共享和虚拟技术前面已经讲过，这里讨论一下资源抽象技术。

资源抽象技术用于处理系统的复杂性，解决资源的易用性。资源抽象软件对内封装实现细节、对外提供应用接口，使得用户不必了解更多的硬件知识，只通过软件接口即可使用和操作物理资源。操作系统中最基础和最重要的三种抽象是文件抽象、虚拟存储器抽象和进程抽象。操作系统为了管理方便，除了处理器和主存之外，将磁盘和其他外部设备资源都抽象为文件，如磁盘文件、光盘文件、打印机文件等，这些设备均在文件的概念下统一管理，不但减少了系统管理的开销，而且使得应用程序对数据和设备的操作有一致的接口，可以执行同一套系统调用。物理内存被抽象为虚拟内存后，进程可以获得一个硕大的连续地址空间，给每个进程造成一种假象，认为它正在独占和使用整个内存。实际上，虚拟存储器是把内存和磁盘统一进行管理实现的。进程可以看作是进入内存的当前运行程序在处理器上操作状态集的一个抽象，它是并发和并行操作的基础。

操作系统应该具有处理机管理、存储管理、设备管理和文件管理的功能。为了方便用户使用操作系统，还须向用户提供方便的用户接口。

（一）处理机管理功能

操作系统有两个重要的概念，即作业和进程。简言之，用户的计算任务称为作业，程序的执行过程称为进程。从传统意义上讲，进程是分配资源和在处理机上运行的基本单位。众所周知，计算机系统中最重要的资源是处理机，对它管理的优劣直接影响着整个系统的性能，所以对处理机的管理可归结为对进程的管理。在引入线程的操作系统中，也包含对线程的管理。处理机管理的主要功能是创建和撤销进程，对诸进程的运行进行协调，实现进程之间的信息交换，以及按照一定的算法把处理机分配给进程或作业。

1. 进程控制

在多道程序环境下，要使作业运行，必须先为它创建一个或几个进程并为之分配必要的资源。当进程运行结束时，要立即撤销该进程，以便及时回收该进程所占用的各类资源。进程控制的主要功能是为作业创建进程、撤销已结束的进程以及控制进程在运行过程中的状态转换。

2. 进程同步

为使多个进程能有条不紊地运行，系统中必须设置进程同步机制。进程同步的主要任务是为多个进程(含线程)的运行进行协调。有两种协调方式：一是进程互斥方式，这是指诸进程在对临界资源进行访问时，应采用互斥方式；二是进程同步方式，指在相互合作去完成共同任务的诸进程间，由同步机构对它们的执行次序加以协调。

3. 进程通信

在多道程序环境下，可由系统为一个应用程序建立多个进程。这些进程相互合作完成一个共同任务，而在这些相互合作的进程之间，往往需要交换信息。当相互合作的进程处于同一计算机系统时，通常采用直接通信方式进行通信。当相互合作的进程处于不同的计算机系统中时，通常采用间接通信方式进行通信。

4. 作业和进程调度

一个作业通常经过两级调度才能在 CPU 上执行，首先是作业调度，然后是进程调度。作业调度的基本任务是从后备队列中按照一定的算法，选择出若干个作业，为它们分配运行所需的资源(首先是分配内存)。在将它们调入内存后，便分别为它们建立进程，使它们都成为可能获得处理机的就绪进程，并按照一定的算法将它们插入就绪队列。进程调度的任务，则是从进程的就绪队列中选出一个新进程，把处理机分配给它，并为它设置运行现场，使进程投入执行。

(二)存储管理功能

存储管理的主要任务是为多道程序的运行提供良好的环境，方便用户使用存储器，提高存储器的利用率以及能从逻辑上来扩充主存。为此，存储管理应具有内存分配、地址映射、内存扩充和内存保护等功能。

1. 内存分配

内存分配的主要任务是为每道程序分配内存空间，使它们各得其所，提高存储器的利用率，以减少不可用的内存空间。在程序运行完后，应立即收回它所占有的内存空间。操作系统在实现内存分配时，可采取静态和动态两种方式。在静态分配方式中，每个作业的内存空间是在作业装入时确定的。在作业装入后的整个运行期间，不允许该作业再申请新的内存空间，也不允许作业在内存中“移动”；在动态分配方式中，每个作业所要求的基本内存空间也是在装入时确定的，但允许作业在运行过程中，继续申请新的附加内存空间，以适应程序和数据的动态增长，也允许作业在主存中“移动”。

2. 地址映射

一个应用程序经编译后，通常会形成若干个目标程序。这些目标程序再经过链接便形成了可装入程序。这些程序的地址都是从“0”开始的，程序中的其他地址都是相对于起始地址计算的;由这些地址所形成的地址范围称为“地址空间”,其中的地址称为“逻辑地址”或“相对地址”。此外,由内存中的一系列单元所限定的地址范围称为“内存空间”,其中的地址称为“物理地址”。在多道程序环境下,每道程序不可能都从0地址开始装入内存,这就致使地址空间内的逻辑地址和内存空间中的物理地址不一致。为了使程序能正确运行,存储器管理必须提供地址映射功能,以将地址空间中的逻辑地址转换为内存空间中与之对应的物理地址,该功能应在硬件的支持下完成。

3. 内存扩充

由于物理内存的容量有限,是非常宝贵的硬件资源,它不可能做得太大,因而难以满足用户的需要,这样势必影响系统的性能。在存储管理中的主存扩充并非是增加物理主存的容量,而是借助于虚拟存储技术,从逻辑上去扩充主存容量,使用户所感觉到的主存容量比实际主存容量大得多。换言之,它使主存容量比物理主存大得多,或者是让更多的用户程序能并发运行。这样既满足了用户的需要,改善了系统性能,又基本上不增加硬件投资。

4. 内存保护

内存保护的主要任务,是确保每道用户程序都只在自己的内存空间内运行,彼此互不干扰。为了确保每道程序都只在自己的内存区中运行,必须设置内存保护机制。一种比较简单的内存保护机制是设置两个界限寄存器,分别用于存放正在执行程序的上界和下界。系统须对每条指令所要访问的地址进行检查,如果发生越界,便发出越界中断请求,以停止该程序的执行。

(三)设备管理功能

设备管理的主要任务是:完成用户进程提出的I/O请求,为用户进程分配其所需的I/O设备,提高CPU和I/O设备的利用率,提高I/O速度,方便用户使用I/O设备。为实现上述任务,设备管理应具有缓冲管理、设备分配和设备处理,以及虚拟设备等功能。

1. 缓冲管理

CPU运行的高速性和I/O设备运行的低速性间的矛盾自计算机诞生时起便已存在,而随着CPU速度迅速、大幅度的提高,使得此矛盾更为突出,严重降低了CPU的利用率。如果在I/O设备和CPU之间引入缓冲,则可有效地缓和CPU和I/O设备速度不匹配的矛盾,提高CPU的利用率,进而提高系统吞吐量。因此,在现代计算机系统中,都毫无例外地在内存中设置了缓冲区,而且还可通过增加缓冲区容量的方法来改善系统的性能。

2. 设备分配

设备分配的基本任务是根据用户进程的I/O请求、系统的现有资源情况以及按照某种设备分配策略,为之分配其所需的设备。如果在I/O设备和CPU之间还存在着设备控制器和I/O通道,还需为分配出去的设备分配相应的控制器和通道。

3. 设备处理

设备处理程序又称为设备驱动程序,其基本任务是实现CPU和设备控制器之间的通信,即由 CPU 向设备控制器发出 I/O 命令,要求它完成指定的 I/O 操作;反之,由 CPU 接收从控制器发来的中断请求,并给予迅速的响应和相应的处理。

(四)文件管理功能

在现代计算机系统中,总是把程序和数据以文件的形式存储在外存上,供所有的或指定的用户使用。为此,在操作系统中必须配置文件管理机构。文件管理的主要任务是对用户文件和系统文件进行管理,以方便用户使用并保证文件的安全性。为此,文件管理应具有对文件存储空间的管理、目录管理、文件读写管理以及文件的共享与保护等功能。

1. 文件存储空间管理

为了方便用户的使用需要,由文件系统对诸多文件及文件的存储空间实施统一的管理。其主要任务是为每个文件分配必要的外存空间,提高外存的利用率,并能有助于提高文件系统的存取速度。

2. 目录管理

目录管理的主要任务是为每个文件建立其目录项,并对众多的目录项加以有效的组织,形成目录文件,以实现方便的按名存取,即用户只需提供文件名即可对该文件进行存取。其次,目录管理还应能实现文件的共享,应能提供快速的目录查询手段以提高对文件的检索速度。

3. 文件读写管理和保护

文件读写管理的功能是根据用户的请求,从外存中读取数据或将数据写入外存。在进行文件读(写)时,系统先根据用户给出的文件名去检索文件目录,从中获得文件在外存中的位置。然后,利用文件读(写)指针,对文件进行读(写)。一旦读(写)完成,便修改读(写)指针,为下一次读(写)做好准备。由于读和写操作不会同时进行,故可合用一个读/写指针文件。保护是指为了防止系统中的文件被非法窃取和破坏,在文件系统中采取有效的保护措施,实施存取控制。

(五)接口服务功能

为了方便用户使用操作系统,操作系统向用户提供了“用户与操作系统的接口”。该接口通常可分为两大类:一是用户接口,是提供给用户使用的接口,用户可通过该接口取得操作系统的服务;二是程序接口,它是用户程序取得操作系统服务的唯一途径。

四、操作系统的分类

根据操作系统在用户界面的使用环境和功能特征的不同,操作系统一般可分为三种基本类型,即批处理操作系统、分时操作系统和实时操作系统。随着计算机体系结构的发展,又出现了许多种操作系统,分别是嵌入式操作系统、个人计算机操作系统、网络操作系统和分布式操作系统。

1. 批处理操作系统

批处理操作系统的工作方式如下：用户将作业交给系统操作员，系统操作员将许多用户的作业组成一批作业之后输入到计算机中，在系统中形成一个自动转接的连续的作业流；然后启动操作系统，系统自动、依次执行各个作业；最后由操作员将作业结果交给用户。

批处理操作系统的特点是多道和成批处理。因为用户本身不能干预自己作业的运行，一旦发现错误不能及时改正，就会延长软件开发时间，所以这种操作系统只适用于成熟的程序。

批处理操作系统的优点是作业流程自动化、效率高、吞吐率高，缺点是无交互手段、调试程序困难。

2. 分时操作系统

分时操作系统的工作方式是：一台主机连接了若干个终端，每个终端有一个用户在使用。用户交互式地向系统提出命令请求，系统接收每个用户的命令，采用时间片轮转方式处理服务请求，并通过交互方式在终端上向用户显示结果。用户根据上步结果发出下道命令。

分时操作系统将 CPU 的时间划分成若干个片段，称为时间片。操作系统以时间片为单位，轮流为每个终端用户服务。每个用户轮流使用一个时间片，并不会感到有别的用户存在。

分时操作系统具有多路性、交互性、“独占”性和及时性的特征。多路性是指，同时有多个用户使用一台计算机，宏观上看是多个人在同时使用一个 CPU，微观上看是多个人在不同时刻轮流使用 CPU。交互性是指，用户根据系统响应结果进一步提出新请求（用户直接干预每一步）。“独占”性是指，用户感觉不到计算机为他人服务，就像整个系统为他所占有一样。及时性是指，系统对用户提出的请求及时响应。

常见的通用操作系统是分时操作系统与批处理操作系统的结合，其原则是分时优先，批处理在后。“前台”响应需频繁交互的作业，如终端的要求；“后台”处理时间性要求不强的工作。

3. 实时操作系统

实时操作系统是指使计算机能及时响应外部事件的请求，在规定的严格时间内完成对该事件的处理，并控制所有实时设备和实时人物协调一致地工作的操作系统。实时操作系统主要追求的目标是对外部请求在严格时间范围内做出反应，有高可靠性和完整性。

4. 嵌入式操作系统

嵌入式操作系统是运行在嵌入式系统环境中，对整个嵌入式系统以及它所操作、控制的各种部件装置等资源进行统一协调、调度、指挥和控制的系统软件。

5. 个人计算机操作系统

个人计算机操作系统是一种单用户多任务的操作系统。个人计算机操作系统主要是供个人使用，功能强、价格便宜，几乎可以在任何地方安装使用。它能满足一般用户操作、学习、游戏等方面的需求。个人计算机操作系统的主要特点是:计算机在某一时间内为单个用户服务;采用图形界面人机交互的工作方式,界面友好;使用方便,用户无须专门学习也能熟练操纵机器。

6.网络操作系统

网络操作系统是基于计算机网络的、是在各种计算机操作系统上按网络体系结构协议标准开发的软件,包括网络管理、通信、安全、资源共享和各种网络应用,其目标是相互通信及资源共享。

7.分布式操作系统

大量的计算机通过网络被连接在一起,可以获得极高的运算能力及广泛的数据共享,这种系统被称作分布式操作系统。

分布式操作系统的特征如下:

(1)统一性,即它是一个统一的操作系统。

(2)共享性,即所有的分布式系统中的资源都是共享的。

(3)透明性,即用户并不知道分布式系统是运行在多台计算机上的,在用户眼里整个分布式系统像是一台计算机,对用户来讲是透明的。

(4)自治性,即处于分布式系统的多个主机处于平等地位。

分布式操作系统的优点是它的分布式,它可以以较低的成本获得较高的运算性能。分布式操作系统的另一个优势是它的可靠性。由于有多个 CPU 系统,因此当一个 CPU 系统发生故障时,整个系统仍然能够工作。对于高可靠的环境,如核电站等,分布式系统是有其用武之地的。

网络操作系统与分布式操作系统在概念上的主要区别是网络操作系统可以构架于不同的操作系统之上,也就是说,它可以在不同的本机操作系统上,通过网络协议实现网络资源的统一配置,在大范围内构成网络操作系统。在网络操作系统中,并不要求对网络资源进行透明的访问,即不需要显式地指明资源位置与类型,对本地资源和异地资源访问区别对待。分布式操作系统比较强调单一性,它是由一种操作系统构架的。在这种操作系统中,网络的概念在应用层被淡化了。所有资源(本地的资源和异地的资源)都是统一方式管理和访问的,用户不必关心资源在哪里,或者资源是怎样存储的。

五、常见的操作系统

操作系统是现代计算机必不可少的系统软件,是计算机的灵魂所在。现代的计算机都是通过操作系统来解释人们的命令,从而达到控制计算机的目的。几乎所有的应用程序都是基于操作系统的。计算机上常见的操作系统有 DOS(Disk Operating System,磁盘操作系统)、Windows、Linux、UNIX 和 MacOS。

(一)DOS

1980 年,IBM 推出了 IBM PC 新机型,它采用 INTEL 8086 的 CPU,具有 160 KB 的磁

盘驱动器和其他的输入输出设备。为了配合这种机型，IBM公司需要一个16位的操作系统，此时就出现了3个互相竞争的系统：CP/M－86、P－System，以及微软公司的MS－DOS。最后，微软的MS－DOS取得了竞争的胜利，成为IBM新机型的操作系统。1981年，微软花费半年时间编写的MS－DOS 1.0和IBM PC同时在IT界亮相。当时的MS－DOS为了适应IBM的计划以及和CP/M系统相兼容，在许多方面的设计都和CP/M相似，但那时CP/M系统仍是业界标准，MS－DOS的兼容性受到了怀疑。

在接下来的几年中，微软公司的MS－DOS在各种压力中推出了MS－DOS 1.1，MS－DOS 1.25等改进版本。这时，MS－DOS才得到了业界同行的认可，DEC、COMPAQ公司都采用MS－DOS作为其PC的操作系统。

1983年的3月，微软公司发布了MS－DOS 2.0，这个版本较以前有了很大的改进，它可以灵活地支持外部设备，同时引进了UNIX系统的目录树文件管理模式。这时的MS－DOS开始超越CP/M系统。接着，2.01、2.11、3.0版本的MS－DOS问世，MS－DOS也渐渐成了16位操作系统的标准。

1987年4月，微软推出了MS－DOS 3.3，它支持1.44 MB的磁盘驱动器，支持更大容量的硬盘等。它的流行确立了MS－DOS在个人计算机操作系统的霸主地位。

MS－DOS的最后一个版本是6.22版，这以后的DOS就和Windows相结合了。6.22版的MS－DOS已是一个十分完善的版本，众多的内部、外部命令可使用户比较简单地对计算机进行操作，另外，其稳定性和可扩展性都十分出色。

1. DOS的优点

DOS曾经占领了个人计算机操作系统领域的大部分，全球绝大多数计算机上都能看到它的身影。由于DOS系统并不需要十分强劲的硬件系统来支持，所以从商业用户到家庭用户都能使用。

(1)文件管理方便。DOS采用了FAT(文件分配表)来管理文件，这是对文件管理方面的一个创新。所谓FAT(文件分配表)，就是管理文件的连接指令表，它用链条的形式将表示文件在磁盘上的实际位置的点连起来，把文件在磁盘上的分配信息集中到FAT管理。它是MS－DOS进行文件管理的基础。同时，DOS也引进了UNIX系统的目录树管理结构，这样很利于文件的管理。

(2)外设支持良好。DOS系统对外部设备也有很好的支持。DOS对外设采取模块化管理，设计了设备驱动程序表，用户可以在Config. sys文件中提示系统需要使用哪些外设。

(3)小巧灵活。DOS系统的体积很小，就连完整的MS－DOS 6.22版也只有数兆字节的大小，这和现在Windows庞大的身躯比起来可称得上是“蚂蚁比大象”了。启动DOS系统只需要一张软盘即可，DOS的系统启动文件有io. sys、msdos. sys和command. com这3个，只要有这3个文件，就可以使用DOS启动计算机，并且可以执行内部命令、运行程序和进行磁盘操作。

(4)应用程序众多。能在DOS下运行的软件很多，各类工具软件更是应有尽有。由于DOS当时是PC上最普遍的操作系统，所以支持它的软件厂商十分多。现在许多Windows

下运行的软件都是从 DOS 版本发展过来的，如 Word、WPS 等，一些编程软件如 FoxPro 等也是由 DOS 版本的 FoxBase 进化而成的。同时，DOS 的兼容性也很不错，许多软件或外设在 DOS 下都能正常的工作。

2. DOS 的不足

虽然 DOS 有不少优点，但同时也具有一些不足之处。

(1)DOS 是一个单用户、单任务的操作系统，只支持一个用户使用，并且一次只能运行一个程序，这和 Windows、Linux 等支持多用户、多任务的操作系统相比就比较逊色了。

(2)DOS 采用的是字符操作界面，用户对计算机的操作一般是通过键盘输入命令来完成的，所以想要操作 DOS 就必须学习相应的命令。另外，它的操作也不如图形界面直观，对 DOS 的学习还是比较费力的，这对家庭用户多少造成了一些困难。

(3)DOS 对多媒体的支持也不尽如人意。在 DOS 中，大多数多媒体工作也都是在 Windows 3. x 中完成的，那时的 Windows 3. x 只是 DOS 的一种应用程序，但 Windows 3. x 对多媒体的支持也很有限，无法支持 3D 加速卡等技术，对互联网也没有一个十分令人满意的解决方案。这些都显示 Windows 等操作系统代替 DOS 是历史的必然。

DOS 作为一个曾经风靡一时的操作系统，对于现在还是有不小的作用的。它的小巧灵活对于计算机修理人员来说有很大用处，Windows 中许多故障仍然只能在 DOS 下解决。另外，学习 DOS 对学习其他的操作系统，如 Linux、UNIX 等也有一定的帮助。

(二) Windows

自从微软公司 1985 年推出 Windows 1.0 以来，Windows 系统经历了几十年风风雨雨，从最初运行在 DOS 下的 Windows 3. x 到现在风靡全球的 Windows 9x、Windows 2000，Windows 已成为当前最流行的操作系统。

鲜艳的色彩、动听的音乐、前所未有的易用性，以及令人兴奋的多任务操作，使计算机操作成为一种享受。点几下鼠标就能完成工作，还可以一边播放 CD，一边用 Word 写文章，这些都是 Windows 带给人们的礼物。

最初的 Windows 3. x 系统虽然只是 DOS 的一种 16 位应用程序，但在 Windows 3.1 中出现了剪贴板、文件拖动等功能，这些与 Windows 的图形界面使用户的操作变得十分简单。当 32 位的 Windows 95 发布的时候，Windows 3. x 中的某些功能被保留了下来。

Windows 98 是 Windows 9x 的最后一个版本，在它以前有 Windows 95 和 Windows 95 OEM 两个版本，Windows 95 OEM 也就是常说的 Windows 97，其实这 3 个版本并没有很大的区别，它们都是前一个版本的改良产品。越新的版本可以支持的硬件设备种类越多，采用的技术也越先进。Windows ME(Windows 千禧版)具有 Windows 9x 和 Windows 2000 的特征，它实际上是由 Windows 98 改良得到的，但在界面和某些技术方面是模仿 Windows 2000 的。Windows 2000 即 Windows NT 5.0，是微软公司为解决 Windows 9x 系统的不稳定和 Windows NT 的多媒体支持不足推出的一个版本。它分为 Windows 2000 Professional、Windows 2000 Sever、Windows 2000 Advanced Server 和 Windows 2000 Data center Server 4 种版本，第 1 种是面向普通用户的，后 3 种则是面向网络服务器的，后者的硬件要求要高于前者。

作为微软公司新一代的操作系统，Windows XP 是在 Windows 2000 操作系统内核的基础之上开发出来的，是一个 32 位的操作系统。它不仅结合了 Windows 2000 中的许多优良的功能，而且提供了更高层次的安全性、稳定性和更优越的系统性能，是替代 Windows 其他产品的升级产品。Windows XP 针对家庭用户和商业用户提供了不同的版本：Windows XP Home Edition 和 Windows XP Professional。

1. Windows 的优点

Windows 之所以如此流行，是因为它有许多吸引用户的地方。

(1)界面图形化。以前 DOS 的字符界面使得一些用户操作起来十分困难，Mac 首先采用了图形界面和使用鼠标，这就使得人们不必学习太多的操作系统知识，只要会使用鼠标就能进行工作。在 Windows 中的操作可以说是“所见即所得”，只要移动鼠标，单击或双击即可完成操作。

(2)多用户、多任务。Windows 系统可以使多个用户用同一台计算机而不会互相影响。Windows 9x 在此方面做得很不好，多用户设置形同虚设，根本起不到作用。Windows 2000 在此方面就做得比较完善，管理员可以添加、删除用户，并设置用户的权限范围。多任务是现在许多操作系统都具备的，这意味着可以同时让计算机执行不同的任务，并且互不干扰。比如一边听歌一边写文章，同时打开数个浏览器窗口进行浏览等都是利用了这一点。这对现在的用户是必不可少的。

(3)网络支持良好。Windows 9x 和 Windows 2000 中内置了 TCP/IP 协议和拨号上网软件，用户只需进行一些简单的设置就能上网浏览、收发电子邮件等。同时，它对局域网的支持也很出色，用户可以很方便地在 Windows 中实现资源共享。

(4)出色的多媒体功能。这也是 Windows 的一个亮点，在 Windows 中可以进行音频、视频的编辑、播放工作，可以支持高级的显卡、声卡使其“声色俱佳”。MP3、ASF 及 SWF 等格式的出现使计算机在多媒体方面更加出色，用户可以轻松地播放最流行的音乐或观看影片。

(5)硬件支持良好。Windows 95 以后的版本都支持“即插即用”技术，这使得新硬件的安装更加简单。用户将相应的硬件和计算机连接好后，只要有其驱动程序，Windows 就能自动识别并进行安装。用户再也不必像在 DOS 一样去改写 Config. sys 文件了，几乎所有的硬件设备都有 Windows 下的驱动程序。随着 Windows 的不断升级，它能支持的硬件和相关技术也在不断增加，如 USB 设备、AGP 技术等。

(6)众多的应用程序。在 Windows 下，有众多的应用程序可以满足用户各方面的需求。Windows 下有数种编程软件，有无数的程序员在为 Windows 编写着程序。此外，Windows NT、Windows 2000 系统还支持多处理器，这对大幅度提升系统性能很有帮助。

2. Windows 的不足

Windows 的不足反映在以下几方面。

(1) Windows 众多的功能导致了它体积的庞大，程序代码的烦冗。这些都使得

Windows 系统不是十分稳定，有时一个小故障就有可能导致系统无法正常启动。因此，一些 Windows 系统补丁、防死机的软件都应运而生。系统的不稳定使得一些用户在使用时提心吊胆，生怕突然出现故障，导致自己的工作成果化为乌有。

（2）Windows 对于自身的修复能力也很脆弱，不能很好地支持故障的解决，许多修理工作必须在 DOS 下完成。

（3）Windows 系统有许多漏洞，虽然有些漏洞并不会干扰用户的一般操作，但在网络方面的漏洞却能对用户造成影响。这些漏洞使一些人有机会入侵系统和攻击系统，例如有利用 NetBIOS 进行非法共享，对 Windows 9x 系统进行蓝屏攻击等。

（4）虽然 Windows 的操作比较简单，但有时候却不是很灵活，有些工作还需要 DOS 的辅助。

无论如何，Windows 都使更多的人能够更方便地使用计算机。从这点来看，它对 PC 时代的贡献简直是无与伦比的。

（三）Linux

Linux 是当前操作系统的热点之一。它是由芬兰赫尔辛基大学的一个大学生林纳斯・本纳第克特・托瓦兹（Linus Benedict Torvalds）于 1991 年首次发布的。由于其源代码的免费开放，使其在很多高级应用中占有很大市场，这也被业界视为打破微软 Windows 垄断的希望。

Linux 是一个免费的操作系统，用户可以免费获得其源代码，并能够随意修改。它是在共用许可证（General Public License，GPL）保护下的自由软件，有好几种版本，如 RedHat、Slackware，以及国内的 Xteam Linux 等。

Linux 是一种类 UNIX 系统，具有许多 UNIX 系统的功能和特点，能够兼容 UNIX，但无须支付 UNIX 高额的费用。

Linux 的应用也十分广泛。Sony 的 PS2 游戏机就采用了 Linux 作为系统软件，使 PS2 摇身一变，成了一台 Linux 工作站。著名的电影《泰坦尼克号》的数字技术合成工作就是利用 100 多台 Linux 服务器来完成的。

1. Linux 的优点

Linux 的流行是因为它具有许多优点，具体如下。

（1）完全免费。Linux 是一款免费的操作系统，用户可以通过网络或其他途径免费获得，并可以任意修改其源代码，这是其他的操作系统所做不到的。正是由于这一点，来自全世界的无数程序员参与了 Linux 的修改、编写工作，程序员可以根据自己的兴趣和灵感对其进行改变。这让 Linux 吸收了无数程序员的精华，不断壮大。

（2）完全兼容 POSIX 10 标准。这使得可以在 Linux 下通过相应的模拟器运行常见的 DOS、Windows 的程序。这为用户从 Windows 转到 Linux 奠定了基础。许多用户在考虑使用 Linux 时，会考虑以前在 Windows 下常见的程序是否能正常运行，这一点就消除了他们的疑虑。

（3）多用户、多任务。Linux 支持多用户，各个用户对于自己的文件设备有自己特殊的权利，保证了各用户之间互不影响。多任务则是现在计算机最主要的一个特点，Linux 可以使多个程序同时并独立地运行。

（4）良好的界面。Linux 同时具有字符界面和图形界面。在字符界面，用户可以通过键盘输入相应的指令来进行操作。它同时也提供了类似 Windows 图形界面的 X Window 系统，用户可以使用鼠标对其进行操作。在 X Window 环境中与在 Windows 中相似，可以说是一个 Linux 版的 Windows。

（5）丰富的网络功能。互联网是在 UNIX 的基础上繁荣起来的，Linux 的网络功能当然不会逊色。它的网络功能和其内核紧密相连，在这方面，Linux 要优于其他操作系统。在 Linux 中，用户可以轻松实现网页浏览、文件传输、远程登录等网络工作，并且可以作为服务器提供 WWW、FTP、E－mail 等服务。

（6）可靠的安全、稳定性能。Linux 采取了许多安全技术措施，其中有对读、写进行权限控制、审计跟踪、核心授权等的技术，这些都为安全提供了保障。Linux 由于需要应用到网络服务器，这对稳定性也有比较高的要求，实际上，Linux 在这方面也十分出色。

（7）支持多种平台。Linux 可以运行在多种硬件平台上，如具有 x86、680x0、SPARC、Alpha 等处理器的平台。此外，Linux 还是一种嵌入式操作系统，可以运行在掌上计算机、机顶盒或游戏机上。2001 年 1 月份发布的 Linux 2.4 版的内核已经能够完全支持 Intel 64 位芯片架构。同时，Linux 也支持多处理器技术，多个处理器同时工作使系统性能大大提高。

2. Linux 的不足

Linux 的不足反映在以下几方面。

（1）由于在现在的个人计算机操作系统行业中，微软公司的 Windows 系统仍然占有大部分的份额，绝大多数的软件公司都支持 Windows，这使得 Windows 上的应用软件十分丰富，而其他的操作系统就要少一些。许多用户在更换操作系统的时候都会考虑以前的软件能否继续使用，换了操作系统后是否会不方便。虽然 Linux 具有 DOS. Windows 模拟器，可以运行一些 Windows 程序，但 Windows 系统极其复杂，模拟器所模拟的运行环境不可能完全与真实的 Windows 环境一模一样，这就使得一些软件无法正常运行。

（2）许多硬件设备面对 Linux 的驱动程序也不足，一些硬件厂商是在推出 Windows 版本的驱动程序后才编写 Linux 版的。

软件支持的不足是 Linux 最大的缺憾，但随着 Linux 的发展，越来越多的软件厂商会支持 Linux，它应用的范围也会越来越广。

（四）UNIX

UNIX 操作系统是目前大、中、小型计算机上广泛使用的多用户、多任务操作系统，在 32 位微型计算机上也有不少配置多用户、多任务操作系统。

UNIX 操作系统是由美国电报电话公司的贝尔实验室开发的，至今已有 50 多年的历史，它最初是配置在 DEC 公司的 PDP 小型计算机上，后来在微型计算机上亦可使用。UNIX 操作系统是唯一能在微型计算机工作站、小型计算机到大型计算机上都能运行的操作系统,也是当今世界最流行的多用户、多任务操作系统。

UNIX 系统的功能主要表现在以下几个方面。

(1)网络和系统管理。现在所有 UNIX 系统的网络和系统管理都有重大扩充,它包括了基于新的 NT(以及 Novell NetWare)的网络代理,用于 OpenView 企业管理解决方案,支持 Windows NT 作为 OpenView 网络节点管理器。

(2)高安全性。Presidium 数据保安策略把集中式的安全管理与端到端(从膝上/桌面系统到企业级服务器)结合起来。例如,惠普公司的 Presidium 授权服务器支持 Windows 操作系统和桌面型 HP-UX,又支持 Windows NT 和服务器的 HP-UX。

(3)通信。Open Mail 是 UNIX 系统的电子通信系统,是为适应异构环境和巨大的用户群设计的。Open Mail 可以安装到许多操作系统上,不仅包括不同版本的 UNIX 操作系统,也包括 Windows NT。

(4)可连接性。在可连接性领域中,各 UNIX 商都特别专注于文件打印的集成。NOS(网络操作系统)支持与 NetWare 和 NT 共存。

(5)Internet。从 1996 年 11 月惠普公司宣布了扩展的国际互联网计划开始,各 UNIX 公司就陆续推出了关于网络的全局解决方案,为大大小小的组织控制跨越 Microsoft Windows NT 和 UNIX 的网络业务提供了帮助和业务支持。

(6)数据安全性。越来越多的组织中的信息技术体系框架成为它们具有战略意义的一部分,数据遭遇的安全威胁日益增多。无论是内部的还是外部的蓄意入侵,都有可能给组织带来巨大的损失。UNIX 系统提供了许多数据保安特性,可以使计算机信息机构和管理信息系统的主管对他们系统的安全性有信心。

(7)可管理性。随着系统越来越复杂,无论是系统自身的规模或是与不同的供应商平台的集成,还是系统运行的应用程序,对企业来说都变得从未有过的苛刻,系统管理的重要性与日俱增。UNIX 支持的系统管理手段是按既易于管理单个服务器,又方便管理复杂的联网的系统设计的。

(8)系统管理器。UNIX 的核心系统配置和管理是由系统管理器 SAM 来实施的。SAM 使系统管理员既可采用直接的图形用户界面,也可采用基于浏览器的界面(它引导管理员在给定的任务里做出选择),对全部重要的管理功能执行操作。SAM 是为一些相当复杂的核心系统管理任务而设计的,如给系统增加和配置硬盘时,可以简化为若干简短的步骤,从而显著提高了系统管理的效率。SAM 能够简便地指导对海量存储器的管理,显示硬盘和文件系统的体系结构,以及磁盘阵列内的卷和组。除了具有高可用性的解决方案,SAM 还能够强化对单一系统、镜像设备以及集群映像的管理。SAM 还支持大型企业的系统管理,在这种企业里,有多个系统管理员各司其职共同维护系统环境。SAM 可以由首席系统管理员(超级用户)为其他非超级用户的管理员生成特定的任务子集,让他们各自实施自己的管理责任。可以通过减少具备超级用户管理能力的系统管理员人数改善系统的安全性。

(9)Ignite/UX。Ignite/UX 采用推和拉两种方法自动地对操作系统软件做跨越网络的配置。用户可以把这种建立在快速配备原理上的系统初始配置跨越网络同时复制给多个系统。这种能力能够取得显著节省系统管理员时间的效果，因此节约了资金。Ignite/UX 也具有获得系统配置参数的能力，用作系统规划和快速恢复。

（10）进程资源管理器。进程资源管理器可以为系统管理提供额外的灵活性。它可以根据业务的优先级，让管理员动态地把可用的 CPU 周期和内存的最少百分比分配给指定的用户群和一些进程。据此，一些要求苛刻的应用程序在一个共享的系统上取得其要求的处理资源就有保障。

UNIX 并不能很好地作为 PC 的文件服务器，这是因为 UNIX 提供的文件共享方式涉及不支持任何 Windows 或 Macintosh 操作系统的 NFS 或 DFS。虽然可以通过第三方应用程序，NFS 和 DFS 客户端也可以被加在 PC 上，但价格昂贵。与 NetWare 或 NT 相比，安装和维护 UNIX 系统比较困难，绝大多数中小型企业只是在有特定应用需求时才选择 UNIX。UNIX 经常与其他 NOS 一起使用，如 NetWare 和 Windows NT。在企业网络中，文件和打印服务由 NetWare 或 Windows NT 管理，而 UNIX 服务器负责提供 Web 服务和数据库服务。建造小型网络时，在与文件服务器相同的环境中运行应用程序服务器，避免附加的系统管理费用，从而给企业带来利益。

（五）Mac OS X

1984 年，苹果公司发布了 System 1，这是一个黑白界面的，也是世界上第一款成功的图形化用户界面操作系统。System 1 含有桌面、窗口、图标、光标、菜单和卷动栏等项目。

在随后的十几年中，苹果操作系统历经了 System 1 到 6，再到 7.5.3 的巨大变化，苹果操作系统从单调的黑白界面变成 8 色、16 色、真彩色，在稳定性、应用程序数量、界面效果等各方面，逐渐发展，日益成熟。从 7.6 版开始，苹果操作系统更名为 Mac OS，此后的 Mac OS 8 和 Mac OS 9，直至 Mac OS 9.2.2 以及今天的 Mac OS 13.5，采用的都是这种命名方式。

2000 年 1 月，Mac OS X 正式发布，之后则是 10.1 和 10.2。苹果公司为 Mac OS X 投入了大量的热情和精力，而且也取得了初步的成功。2003 年 10 月 24 日，Mac OS 10.3 正式上市；同年 11 月 11 日，苹果公司又迅速发布了 Mac OS 10.3 的升级版本 Mac OS 10.3.1。

Mac OS X 既是以往 Macintosh 操作系统的重大升级，也是对其的一种自然演化。它继承了 Macintosh 易于操作的传统，但其设计不只是让人易于使用，同时也更让人乐于使用。

作为下一代操作系统，Mac OS X 是一种综合技术的产物。在其所覆盖的技术中，一部分是来自于计算机业界的新技术，而大部分则是标准技术。它完全是建立在现代核心操作系统的基础上的，这使 Macintosh 获得了内存保护和抢占式多任务等计算处理能力。Mac OS X 有着绚丽多彩的用户界面，具备了如半透明、阴影等视觉效果。这些效果，连同在个人电脑上看到的最清晰的图形，都可以利用苹果公司专门为 Mac OS X 开发的图形技术来获得。不过，Mac OS X 有的不仅仅是精密的内核与精巧的外形。凭借着多元化的应用程序环境，各种类型的 Macintosh 应用程序都可以在此操作系统中得以运行，且凭借着对多种网络协议和服务的支持，Mac OS X 成了网上冲浪的终极平台。由于其对多种磁盘卷格式的支持，并符合各种现有和发展中的标准，Mac OS X 还具备了与其他操作系统的高度协作性。

Mac OS X 的特点如下。

(1)稳定性和超强性能。Mac OS X 的稳定性来自系统的开放资源核心 Darwin。Darwin 集成了多项技术，包括 Mach 3.0 内核、基于 BSD UNIX(Berkeley Software Distribution UNIX)的操作系统服务、高性能的网络工具，以及对多种集成的文件系统的支持。此外，Darwin 的模块化设计使开发商可以动态地加载设备驱动、网络扩展和新的文件系统等。

系统稳定性的一个重要因素是 Darwin 先进的内存保护和管理系统。Darwin 为每个程序或进程分配单独的地址空间，利用这种坚固的结构保护程序，来确保系统的可靠性。Mach 内核利用内存对象的抽象元素(Abstraction)扩展了标准虚拟内存的语义范围。这使 Mac OS X 可以同时管理不同的应用程序环境，进而同时展现给用户一种无缝整合的体验。

(2)图形系统。Mac OS X 集合了 3 个强大的图形技术：Quartz、OpenGL 和 QuickTime，使开发商可以将图形技术提高到用户在桌面操作系统中从未见过的境界。

(3)用户界面。Mac OS X 的强大功能和先进科技最为形象的诠释就是它的新用户界面 Aqua。苹果公司将其在用户界面设计方面的领先科技应用于 Aqua，结合了许多 Macintosh 用户所希望拥有的品质和特性，同时添加了许多先进特性，使无论是专家还是新手都会有所收益，而易用性则渗透至每一个特性和功能之中。与苹果公司的设计哲学一致，视觉效果的增强不仅仅提供了漂亮的图像，还包括对系统的功能与操作方式的暗示。

(4)协同能力。Mac OS X 前所未有地采用了许多技术和标准，以便和其他平台进行协同工作。它为开发商和使用者双方都提供了机遇，可以以崭新方式与空间使用苹果电脑。

第三节　编译系统概述

编译程序的原理和技术具有十分普遍的意义，以至在每一个计算机科学家的研究生涯中都会用到本书涉及的相关原理和技术。编译器的编写会涉及程序设计语言、计算机体系结构、语言理论、算法和软件工程等学科。有几种基本编译器编写技术已经被用于构建许多计算机的多种语言编译器。本章通过编译器的组成、编译器的工作环境以及简化编译器建造过程的软件工具来介绍编译。

一、编译器

编译器是现代计算机系统的基本组成部分之一，且多数计算机系统都含有不止一个高级语言的编译器，对于某些高级语言，甚至配置了几个不同性能的编译程序。从功能上看，一个编译器就是一个语言翻译程序，它读入用某种语言(源语言)编写的程序(源程序)，并将其翻译成一个与之等价的以另一种语言(目标语言)编写的程序。作为翻译的一个重要组成部分，编译器能够向用户报告被编译的源程序中出现的错误。比如，汇编程序是一个翻译程序，它把汇编语言程序翻译成机器语言程序。如果源语言是像 Fortran、C＋＋、Java 等的高级语言，目标语言是像汇编语言或机器语言那样的低级语言，则这种翻译程序称为编译程序。

目前，世界上存在着数千种源语言，既有 Fortran 和 Pascal 这样的传统程序设计语言，也有各计算机应用领域中出现的专用语言。目标程序可以是另一种程序设计语言或者从微处理器到超级计算机的任何计算机的机器语言。不同语言需要不同的编译器。根据编译器的构造方法或者它们要实现的功能，编译器被分为一遍编译器、多遍编译器、装入并执行编译器、调试编译器、优化编译器等多种类别。从表面来看，编译器的种类似乎千变万化、多种多样，实质上，任何编译器所要完成的基本任务都是相同的。通过理解这些任务，我们可以利用同样的基本技术为各种各样的源程序和目标机器构造编译器。

从 20 世纪 50 年代早期第一个编译器出现至今，我们所掌握的有关编译器的知识已经得到了长足的发展。很难说出第一个编译器出现的准确时间，因为最初的很多实验和实现是由不同的工作小组独立完成的。编译器早期的工作主要集中在如何把算术表达式翻译成机器代码。

整个 20 世纪 50 年代，编译器的编写一直被认为是一个极难的问题，比如 Fortran 的第一个编译器花费了 18 年才得以实现(Backus，1957)。目前，我们已经系统地掌握了编译期间出现的许多重要任务的技术，良好的实现语言、程序设计环境和软件工具也被陆续开发了出来。

(一)编译的分析-综合模型

编译由两部分组成：分析与综合。分析部分将源程序切分成基本块并形成源程序的中间表示，综合部分把源程序的中间表示转换为所需要的目标程序。在这两部分中，综合部分需要大量的专门化技术。在分析期间，源程序所蕴含的操作将被确定下来并被表示为一个称为语法树的分层结构。语法树的每个节点表示一个操作，该节点的子节点表示这个操作的参数。许多操纵源程序的软件工具都要先完成某种类型的分析。下面是这类软件工具的示例。

1. 结构编辑器

结构编辑器将一个命令序列作为输入来构造一个源程序。结构编辑器不仅能实现普遍的文本编辑器的文本创建和修改功能，而且能对程序文本进行分析，为源程序构造恰当的层次结构。结构编辑器能够完成程序准备过程中所需要的功能，例如：它可以检查输入的格式是否正确，能自动地提供关键字(例如，当用户敲入关键字 while 的时候，编译器能够自动提供匹配的关键字 do 并提醒用户必须在两者之间插入一个条件体)，能够从 begin 或者左括号跳转到与之匹配的 end 或者右括号。这类结构编辑器的输出常常类似一个编译器的分析阶段的输出。

2. 智能打印机

智能打印机能够对程序进行分析，打印出结构清晰的程序。例如，注释一种特殊的字体打印，根据各个语句在程序的层次结构中的嵌套深度来缩排这些语句。

3.静态检查器

静态检查器读入一个程序,分析这个程序,并在不运行这个程序的条件下试图发现程序的潜在错误,比如:静态检查器可以查出源程序中永远不能执行的语句,也可以查出变量在被定义以前被引用,还可以捕获诸如将实型变量用作指针这样的逻辑错误。

4.解释器

解释器不是通过编译来产生目标程序,而是直接执行源程序中蕴含的操作。由于命令语句中执行的每个操作通常都是对编辑器或编译器一类复杂例程的调用,因此解释器经常用于执行命令语言。类似地,一些"非常高级"的语言,如 APL,通常都是解释器执行的,因为有许多关于数据的信息(如数组的大小和形状)不能在编译时得到。按照传统的观念,编译器一般被看成是把使用 Fortran 等高级语言编写的源程序翻译成汇编语言或某种计算机的机器语言的程序。然而,在很多与语言翻译毫不相关的场合,编译技术也常常被使用。下面举出的每一个例子中的分析部分都与传统观念中的编译器的分析部分相似。

(1)文本格式器。文本格式器的输入是一个字符流。输入字符流中的多数字符串是需要排版输出的字符串,同时,字符流中也包含一些用来说明字符流中的段落、图表或者上标和下标等数学结构的命令。

(2)硅编译器。硅编译器的输入是一个源程序,这个源程序的程序设计语言类似于传统的程序设计语言,但是,该语言中的变量不是内存中的地址,而是开关电路中的逻辑符号(0或1)或符号组。硅编译器的输出是一个以适当语言书写的电路设计。

(3)查询解释器。查询解释器把含有关系和布尔运算的谓词翻译成数据库命令,在数据库中查询满足该谓词的记录。

(二)编译器的工作原理

为了建立可执行的目标程序,除了编译器外,我们还需要几个其他的程序:源程序可能被分为模块存储在不同的文件中,而一个称为预处理器的程序会把存储在不同文件中的程序模块集成一个完整的源程序。预处理器也能够把程序中称为宏的缩写语句展开为原始语句加入源程序中。

下面,简要概括一个语言处理的过程。

(1)预处理器将可能位于不同文件中的几个模块的源程序梗概汇集在一起,形成一个源程序。预处理器可负责宏的展开,如 C 语言中的预处理器要完成文件的合并、宏展开等任务。

(2)编译器将由预处理器处理过的源程序进行编译,生成目标汇编程序。值得注意的是,一个编译器的输入可能是由一个预处理器来产生的,也可能是由若干个预处理器来产生的。

(3)汇编器将目标汇编程序翻译成可重新定位的机器代码。

(4)装载器(连接-编译器)负责将可重定位的机器代码和可再装配的目标文件进行处理,生成最后可被计算机识别的绝对的机器代码。

二、编译过程

编译器负责将源程序编译，生成目标程序。从整体上说，一个编译器的整个工作过程是划分为不同的阶段进行的，每一个阶段将源程序的一种表示形式转化为另一种表示形式，各个阶段进行的操作在逻辑上紧密连接在一起。

实际上，编译器的某些阶段是可以合并到一起的，因此，如果某几个阶段可以合并到一起，这些阶段的中间表示就不需要明确地构造出来了。编译器处理语言的过程分为六个阶段：词法分析、语法分析、语义分析、中间代码生成、代码优化和目标代码生成。其中，词法分析、语法分析和语义分析这三个过程构成了编译器的分析部分。

符号表管理器和错误处理器是这六个阶段都需要涉及的两个部分。在编译过程中，源程序中的各种信息都被保留在各种不同的符号表格中，编译器的各个部分的工作都要涉及构造、查找或更新有关的表格，因此需要有符号表的管理器。如果在编译过程中发现源程序出现错误，编译程序应该能够报告出错误的性质和错误发生的地点，并且将错误所造成的影响限制在极小的范围内，使得源程序的其他部分能够继续被编译下去，有些编译器能够自动校正错误，这种工作称为出错处理。因此，将这两个过程称为“编译器”的过程。

下面，针对编译器的这几个过程进行简单的介绍。

1. 词法分析阶段

词法分析，也称为线性分析或者扫描，是编译过程的第一个阶段。在这个阶段中，从左到右地读取源程序的字符流，对字符流进行扫描并分解为多个单词，而这些单词就是具有整体含义的字符序列。比如，我们所熟悉的标识符必须是以字母字符开头，后跟字母、数字字符的字符序列组成的一种单词。另外，还有保留字（或关键字）、算术运算符、分界符等。

2. 语法分析阶段

语法分析是编译过程的第二个阶段，也称为层次分析。语法分析的任务是在词法分析的基础上将单词序列分解成各类语法短语，如“程序”“语句”“表达式”等。一般这种语法短语也称为语法单位，可以表示成语法树。

程序的层次结构通常都是通过递归规则来表达的，比如，可以这么定义表达式的一部分规则：

（1）任何一个标识符（identifier）都是表达式。

（2）任何一个常数（number）都是表达式。

（3）如果表达式 1 和表达式 2 是表达式，那么表达式 1＋表达式 2、表达式 1×表达式 2 都是表达式。

在上面的定义中，规则（1）和规则（2）是直接定义的基本规则，而非递归的规则；而规则（3）则将运算符运用到其他表达式上递归地定义了表达式。

类似地，也可按照这样的规则形式给出语句的递归定义。

（1）如果 identifier 是一个标识符，expression 是一个语句，则 identifier - expression 是一个语句。

(2)如果 expression 是一个表达式，statement 是一个语句，则 while(expression)do statement if(expression)then statement 也是语句。

词法分析和语法分析在本质上都是对源程序进行分析，两者的界限是确定的。通常采取能够使整个分析工作简化的方法来设定词法分析与语法分析的界限，而决定两者界限的因素是源语言是否具有递归结构。词法结构不要求递归，而语法结构常常需要递归。上下文无关文法是递归规则的一种形式化，可以用来指导语法分析。

3. 语义分析阶段

语义分析阶段是检查源程序的语义错误，并收集代码生成阶段要用到的类型信息。语义分析是利用语法分析阶段确定的层次结构来识别表达式和语句中的操作符和操作数。

语义分析的一个重要组成部分是类型检查。类型检查负责检查每个操作符的操作数是否满足源语言的说明。当不符合语法规范的时候，编译程序应报告相应的错误。例如，很多程序设计语言要求数组的索引值只能用正的整型数值，如果用一个浮点型或负数用于数组的索引的时候就会报错。此外，还有很多情况都需要语义分析。例如，语句 i=j * k 中，如果 k 的数据类型为整型，j 的数据类型不是整型，而是浮点型，那么在进行计算的时候，会按照操作数精度的不同，将 k 的数据类型强制转换为浮点型，然后进行计算。

4. 中间代码生成阶段

某些编译器在完成语法分析和语义分析以后，会产生一种源程序的中间表示，这种中间表示叫作中间语言或者中间代码。

中间代码的表示可以看成是某种抽象的程序，应该具有两个重要的性质：一是容易产生，二是易于翻译成目标程序。

源程序的中间形式可以表示成多种形式。通常采用的是一种近似“三地址指令”的“四元式”中间代码，这种四元式的形式表示如下：

(运算符，运算对象 1，运算对象 2，结果)

比如源程序 sum=price * num;生成的四元式序列可以表示为：

(1)(* price num t1)

(2)(=t1 sum)

5. 代码优化阶段

代码优化阶段的任务是对上一阶段产生的中间代码进行改进，以产生一种效率更高(既节省空间，又节省时间)、执行速度更快的机器代码。

不同的编译器所产生的代码的优化程度差别很大，能够完成很大程度的代码优化的编译器称为“优化编译器”。优化编译器将相当多的时间都消耗在代码优化上。但是，一些简单的优化方法，它们既能使目标程序的执行时间得到很大的缩短，又不会让编译的速度降低太多。

6. 目标代码生成阶段

目标代码生成阶段是编译过程的最后一个阶段。这一阶段的任务是把中间代码转换成可重新定位的机器代码，或者汇编指令代码，或者某特定机器上的绝对指令代码。在这一阶段中，编译器为源程序定义和使用的变量选择存储单元，并把中间指令翻译成相同任务的机器代码指令序列。这一阶段的一个关键问题是变量的寄存器分配。

这一阶段的工作与硬件系统的结构和指令含义有关，这个阶段的工作很复杂，涉及硬件系统功能部件的运用、机器指令的选择等。

7. 符号表管理器

编译器的一个基本功能是记录源程序中使用的标识符，并收集与每个标识符相关的各个属性信息。标识符的属性信息表明了该标识符的存储位置、类型、作用域等信息。当一个标识符是过程名时，它的属性信息还包括诸如参数的个数与类型、每个参数的传递方法以及返回值的类型等信息。

符号表是一个数据结构。每个标识符在符号表中都有一条记录，记录的每个域对应于该标识的一个属性。这种数据结构允许我们快速地找到每个标识符的记录，并在该记录中快速地存储和检索信息。

当源程序的一个标识符被词法分析器识别出来的时候，词法分析器将在符号表中为该标识符建立一条记录。但是，标识符的属性一般不能在词法分析中确定。标识符的属性信息将由词法分析以后的各阶段陆续写入符号表，并以各种方式被使用。例如，当进行语义分析和中间代码生成时，需要知道标识符是哪种类型，以便检查源程序是否正确使用了这些标识符并在这些标识符上使用了正确的操作。代码生成器将赋予标识符的存储位置信息写入符号表，而且代码生成器还要使用符号表中标识符的存储位置信息。

8. 错误处理器

每个阶段都可能会遇到错误，各个阶段检测到错误以后，必须以恰当的方式进行错误处理，使得编译器能够继续运行，以检测出程序中的更多错误。发现错误即停止运行的编译器不是一个好的编译器。

语法分析和语义分析阶段通常能够处理编译器所能检测到的大部分错误。词法分析阶段能够检测出输入中不能形成源语言任何记号的错误字符串。语法分析阶段可以确定记号流中违反源语言结构规则的错误。语义分析阶段试图检测出具有正确的语法结构但对操作无意义的部分，例如，试图将两个标识符相加，其中一个标识符是数组名，而另一个标识符是过程名。

第四节 数据库管理系统概述

自 1964 年世界上第一个计算机可读形式的数据库 MEDLARS 诞生以来，数据库技术就成为计算机科学的重要分支，它的出现极大地促进了计算机应用向各行各业的渗透。如今，信息资源已经成为各个部门重要的财富资源。建立一个能满足各级部门信息处理要求的信息系统也是政府部门、企业或其他组织生存和发展的重要条件。

本节首先介绍了数据库系统的相关知识，然后对信息系统的基本知识和开发过程做了一个概括的介绍。

一、数据处理技术

信息、数据和数据处理是与数据库和信息系统密切相关的基本概念。

(一)信息

现在,人类已进入了信息时代,信息概念变得越来越复杂,对信息这个词很难给出精确、全面的定义。有人将信息解释为人得到的知识,有人称信息是人与外界相交换的内容,有人则把通过口头、通信装置或书面传达的信息、情报都称作信息。于是,人们常常把数据、资料、知识、消息等统称为信息。信息在自然界、社会中以及人体自身广泛存在着。人类进行的每一次社会实践、生产实践和科学实践都在接触信息、获得信息、处理信息和利用信息。

在信息社会,信息是一种资源,它与物质、能量一起构成客观世界的三大要素。信息是现实世界中的实体特性在人们头脑中的反映。人们用文字或符号把它记载下来,进行交流、传送或处理。每当看到这些文字或符号,人们就会联想它们所代表的实际内容。信息是客观存在的,人类有意识地对信息进行采集加工、传递,从而形成了各种消息、情报、指令、数据及信号等。

信息具有以下特征。

(1)信息来源于物质和能量,它不可能脱离物质而存在。信息的传递需要物质载体(例如,信息可以通过报纸、电台、电视、计算机网络进行传递),信息的获得和传递要消耗能量。

(2)信息是可以感知的。人类对客观事物的感知,可以通过感觉感官,也可以通过各种仪器仪表和传感器等。对不同的信息源有不同的感知形式,如报纸上刊登的信息通过视觉感官感知,电台中广播的信息通过听觉器官感知。

(3)信息是可存储、加工、传递和再生的。人们用大脑存储信息,叫作记忆。计算机存储器、录音、录像等技术的发展,进一步扩大了信息存储的范围。

(二)数据

说起数据,人们首先想到的是数字。其实,数字只是最简单的一组数据。数据的种类很多,在日常生活中数据无处不在。文字、图形、图像、声音、学生的档案记录、货物运输情况等,这些都是数据。为了认识世界、交流信息,人们需要描述事物,数据实际上是描述事物的符号记录。在日常生活中,人们直接用自然语言(如汉语)描述事物。在计算机中,为了存储和处理这些事物,就要抽出这些事物令人感兴趣的特征组成一个记录来描述。例如,在学生档案中,如果人们最感兴趣的是学生的姓名、性别、出生年份、籍贯、所在系别、入学时间,那么可以这样描述:

(王##,男,1988,湖北,计算机系,2005)

数据与其含义是不可分的。对于上面一条学生记录,了解其语义的人会得到如下信息:王##是个大学生,1988年出生,湖北省人,2005年考入计算机系。而不了解其语义的人则无法理解其含义。可见,数据的形式本身并不能完全表达其内容,需要经过语义解释。数据是信息的符号表示或载体,信息则是数据的内涵,是对数据的语义解释。因此,数据的概念包括两个方面:其一是描述事物特性的数据内容,其二是存储在某一种媒体中的数据形式。描述事物特性必须借助一定的符号,这些符号就是数据形式。数据形式可以是多种多样的。

(三)数据处理

数据处理是将数据转换成信息的过程,包括对数据的收集、存储、加工、检索和传输等一系列活动。其中,数据的收集是指在数据的发生处将它们输入计算机中。例如,在各种预售火车票或飞机票的订票点都配备了计算机终端并把售票数据输入计算机中。数据的存储是指将收集到的数据经过整理后用计算机的存储介质保存起来,以备今后使用;数据的加工是指将收集到的数据从某些已知的数据出发,推导加工出一些新的数据的过程;数据的检索是指查询一定条件的数据的过程;数据的传输就是利用计算机通信设备传递数据的过程。

数据处理也称为信息处理。因为当把客观事物表示成数据后,这些数据便被赋予了特殊的含义,而对这些数据进行加工处理后又可以形成新的数据,这些新的数据又表示了新的信息,从而为人们提供了不必直接观察和度量事物就可以获得有关信息的手段。

(四)数据管理技术的发展

数据是一种极为重要的资源,人们的一切社会活动都离不开数据。如何妥善地保存和科学地管理这些数据是人们长期以来十分关注的课题。早期的计算机只用于数值计算,到20世纪50年代后期,人们发现计算机除了擅长计算外,对于数据处理也显示了其优越性。这一发现使计算机应用进入了另一片广阔天地。此后,随着计算机技术的迅速发展,数据管理技术也以惊人的速度发展着,从而使得计算机应用的绝大部分领域不是在数值计算方面,而是在数据管理方面。尤其在进入信息时代以后,数据管理方面的应用价值和意义是无法估量的。

数据管理是指如何对数据进行分类、组织、编码、储存、检索和维护,它是数据处理的中心问题。与任何其他技术的发展一样,计算机数据管理也经历了由低级到高级的发展过程。随着计算机硬件和软件的发展,数据管理经历了人工管理、文件系统和数据库系统三个发展阶段。

1.人工管理阶段

在20世纪50年代中期以前,计算机主要用于科学计算。当时的计算机外存只有纸带、卡片、磁带,没有磁盘等直接存取的存储设备;软件无操作系统,也无管理数据的软件;数据处理方式是批处理。

人工管理数据具有如下特点。

(1)数据不保存。由于当时计算机主要用于科学计算,一般不需要将数据长期保存,只是在计算某一课题时将数据输入,用完就撤走。不仅对用户数据如此处置,对系统软件有时也是这样。

(2)数据需要由应用程序自己管理,没有相应的软件系统负责数据的管理工作。应用程序中不仅要规定数据的逻辑结构,而且要设计物理结构,包括存储结构、存取方法、输入方式等,因此程序员负担很重。

(3)数据不共享。数据是面向应用的,一组数据只能对应一个程序,当多个应用程序涉及某些相同的数据时,由于必须各自定义,无法互相利用、互相参照,因此程序与程序之间有大量的冗余数据。

(4)数据不具有独立性,数据的逻辑结构或物理结构发生变化后,必须对应用程序做相应的修改,这就进一步加重了程序员的负担。

2. 文件系统阶段

20 世纪 50 年代后期到 20 世纪 60 年代中期,计算机的应用范围逐渐扩大,计算机不仅用于科学计算,而且还大量用于管理。这时硬件上已有了磁盘磁鼓等直接存取存储设备;软件方面,操作系统中已有了专门的数据管理软件,一般称为文件系统;处理方式上不仅有了文件批处理,而且能够联机实时处理。

用文件系统管理数据有如下特点。

(1)数据可以长期保存。由于计算机大量用于数据处理,数据需要长期保留在外存上,反复进行查询、修改、插入和删除等操作。

(2)由专门的软件即文件系统进行数据管理,程序和数据之间由软件提供的存取方法进行转换,将精力集中于算法,而且数据在存储上的改变不一定反映在程序上,大大减少了维护程序的工作量。

(3)数据共享性差。在文件系统中,一个文件基本上对应一个应用程序,即文件仍然是面向应用的。当不同的应用程序具有相同的数据时,也必须建立各自的文件,而不能共享相同的数据,因此数据的冗余度大,浪费存储空间。同时,由于相同数据的重复存储、各自管理,给数据的修改和维护带来了困难,容易造成数据的不一致性。

(4)数据独立性低。文件系统中的文件是为某一特定应用服务的,文件的逻辑结构对该应用程序来说是优化的,因此要想对现有的数据再增加一些新的应用会很困难,系统不容易扩充。一旦数据的逻辑结构发生改变,必须修改应用程序,修改文件结构的定义,而应用程序的改变,例如,应用程序改用不同的高级语言等,也将引起文件的数据结构的改变。因此,数据与程序之间仍缺乏独立性。可见,文件系统仍然是一个不具有弹性的无结构的数字集合,即文件之间是孤立的,不能反映现实世界事物之间的内在联系。

3. 数据库系统阶段

20 世纪 60 年代后期以来,计算机用于管理的规模更为庞大,应用越来越广泛,数据量急剧增长,同时,多种应用、多种语言互相覆盖的共享数据集合的要求越来越强烈。这时,硬件已有大容量磁盘,硬件价格下降,软件价格上升,为编制和维护系统软件及应用程序所需的成本相对增加;在处理方式上,联机实时处理要求更多,并开始提出考虑分布处理。在这种背景下,以文件系统作为数据管理手段已经不能满足应用的需求,于是,为解决多用户、多应用共享数据的需求,使数据为尽可能多的用户服务,就出现了数据库技术,出现了统一管理的专门软件系统——数据库管理系统。

二、数据库系统

在学习数据库管理系统之前，首先了解一下什么是“数据库”。下面，举个例子来说明这个问题。例如，每个人都有很多亲戚和朋友，为了保持与他们的联系，常常用一个笔记本将他们的姓名、地址、电话等信息都记录下来，这样要查询谁的电话或地址就很方便了。这个“通讯录”就是一个最简单的“数据库”，每个人的姓名、地址、电话等信息就是这个数据库中的“数据”。可以在笔记本这个“数据库”中添加新朋友的个人信息，也可以由于某个朋友的电话变动而修改他的电话号码这个“数据”。不过说到底，使用笔记本这个“数据库”还是为了能随时查到某位亲戚或朋友的地址或电话号码这些“数据”。

实际上，“数据库”就是为了实现一定的目的按某种规则组织起来的“数据”的“集合”，这样的数据库在生活中随处可见。更准确地说，数据库就是长期储存在计算机内、有组织的、可共享的数据集合。数据库中的数据按一定的数据模型组织、描述和储存，具有较小的冗余度、较高的数据独立性和易扩展性，并可为各种用户共享。

数据库应用系统是指系统开发人员利用数据库系统资源开发出来的，面向某一类实际应用的应用软件系统。很多信息系统属于数据库应用系统。信息系统可以分为面向外部、实现信息服务的开放式信息系统和面向内部业务的管理系统这两大类。从实现技术角度而言，都是以数据库为基础和核心的计算机应用系统。

三、数据库管理系统

数据库管理系统(Database Management System，DBMS)是数据库系统的核心，是为数据库的建立、使用和维护而配置的软件，由一个互相关联的数据的集合和一组用于访问这些数据的程序组成。它建立在操作系统的基础上，是位于操作系统与用户之间的一层数据管理软件，负责对数据库进行统一的管理和控制。用户发出的或应用程序中的各种操作数据库中数据的命令，都要通过数据库管理系统来执行。数据库管理系统还承担着数据库的维护工作，能够按照数据库管理员所规定的要求，保证数据库的安全性和完整性。

在数据库系统中，当一个应用程序或用户需要存取数据库中的数据时，应用程序、DBMS、操作系统、硬件等几个方面必须协同工作，共同完成用户的请求。这是一个较为复杂的过程，其中 DBMS 起着关键的中介作用。

应用程序(或用户)从数据库中读取一个数据通常需要以下步骤：

(1)应用程序 A 向 DBMS 发出从数据库中读数据记录的命令；

(2)DBMS 对该命令进行语法检查、语义检查，并调用应用程序 A 对应的子模式，检查 A 的存取权限，决定是否执行该命令，如果拒绝执行，则向用户返回错误信息；

(3)在决定执行该命令后，DBMS 调用模式，依据子模式/模式映像的定义，确定应读入模式中的哪些记录；

(4)DBMS 调用物理模式，依据模式/物理模式映像的定义，决定应从哪个文件、用什么存取方式、读入哪个或哪些物理记录；

(5)DBMS 向操作系统发出执行读取所需物理记录的命令；

(6)操作系统执行读数据的有关操作;

(7)操作系统将数据从数据库的存储区送至系统缓冲区;

(8)DBMS 依据子模式/模式映像的定义,导出应用程序 A 所要读取的记录格式;

(9)DBMS 将数据记录从系统缓冲区传送到应用程序 A 的用户工作区;

(10)DBMS 向应用程序 A 返回命令执行情况的状态信息。

四、常用的数据库管理系统

1. Oracle

Oracle 能在所有主流平台上运行(包括 Windows),完全支持所有的工业标准,采用完全开放策略,可以使客户选择最适合的解决方案。Oracle 并行服务器通过使一组结点共享同一簇中的工作来扩展 Windows NT 的能力,提供高可用性和高伸缩性的簇的解决方案。如果 Windows NT 不能满足需要,用户可以把数据库移到 UNIX 中。Oracle 的并行服务器对各种 UNIX 平台的集群机制都有着相当高的集成度。Oracle 获得最高认证级别的 ISO(国际标准化组织)标准认证,保持开放平台下的 TPC-D 和 TPC-C 的世界纪录。Oracle 多层次网络计算,支持多种工业标准,可以用 ODBC、JDBC、OCI 等网络客户连接。

Oracle 在兼容性、可移植性、可联结性、高生产率、开放性上也存在优点。Oracle 产品采用标准 SQL,并经过美国国家标准与技术研究院(NIST)测试。与 IBM SQL/DS、DB2、INGRES、IDMS/R 等兼容。Oracle 的产品可运行于很宽范围的硬件与操作系统平台上,可以安装在 70 种以上不同的大、中、小型机上,可在 VMS、DOS、UNIX、Windows 等多种操作系统下工作;能与多种通信网络相连,支持各种协议(TCP/IP、DECnet、LU 6.2 等);提供了多种开发工具,能极大地方便用户进行进一步的开发。Oracle 良好的兼容性、可移植性、可连接性和高生产率使 Oracle RDBMS 具有良好的开放性。

Oracle 价格是比较昂贵的,一套正版的 Oracle 软件在 2006 年年底时,市场上的价格已经达到了 6 位数。

2. SQL Server

SQL Server 是 Microsoft 推出的一套产品,它具有使用方便、可伸缩性好、与相关软件集成程度高等优点,逐渐成为 Windows 平台下进行数据库应用开发较为理想的选择之一。SQL Server 是目前流行的数据库之一,它已广泛应用于金融、保险、电力、行政管理等与数据库有关的行业。而且,由于其易操作性及友好的界面,赢得了广大用户的青睐,尤其是 SQL Server 与其他数据库,如 Access、FoxPro、Excel 等有良好的 ODBC 接口,可以把上述数据库转成 SQL Server 的数据库,因此目前越来越多的用户正在使用 SQL Server。

由于 SQL Server 是微软公司的产品,又有着如此强大的功能,所以它是几种数据库系统中影响力比较大、用户比较多的一种。它一般是和微软产品的 NET 平台一起搭配使用。当然,其他的各种开发平台,都提供了与它相关的数据库连接方式。因此,开发软件用 SQL Server 作数据库是一个正确的选择。

3. MySQL

MySQL 不支持事务处理，没有视图，没有存储过程和触发器，没有数据库端的用户自定义函数，不能完全使用标准的 SQL 语法。

MySQL 的局限性可以通过一部分开发者的努力得到克服。在 MySQL 中，失去的主要功能是 sub - select 语句，而这正是其他的所有数据库都具有的。

MySQL 没法处理复杂的关联性数据库功能，例如，子查询，虽然大多数的子查询都可以改写成 join。

另一个 MySQL 没有提供支持的功能是事务处理以及事务的提交/撤销。一个事务指的是被当作一个单位来共同执行的一群或一套命令。如果一个事务没法完成，那么整个事务里面没有一个指令是真正执行下去的。对于必须处理线上订单的商业网站来说，MySQL 没有支持这项功能，的确让人感到很失望，但是可以用 MaxSQL，一个分开的服务器，它能通过外挂的表格来支持事务功能。

外键以及参考完整性限制可以让你制定表格中资料间的约束，然后将约束加到所规定的资料里面。

这些 MySQL 没有的功能表示一个有赖复杂的资料关系的应用程序并不适合使用 MySQL。当说 MySQL 不支持外键时，指的就是数据库的参考完整性限制——MySQL 并没有支持外键的规则，当然更没有支持连锁删除的功能。

MySQL 中也不会找到存储进程以及触发器。针对这些功能，在 Access 提供了相对的事件进程。

第五节　Android 操作系统概述

随着移动设备的不断普及与发展，相关软件的开发也越来越受到程序员的青睐。目前，移动开发领域以安卓（Android）的发展最为迅猛，在短短几年时间里，就撼动了塞班（Symbian）的霸主地位。

一、Android 操作系统

Android 是一种基于 Linux 的自由及开放源代码的操作系统，主要使用于移动设备，如智能手机和平板电脑，由谷歌（Google）公司和开放手机联盟领导及开发，Android 操作系统最初由安迪・鲁宾（Andy Rubin）开发，主要支持手机。第一部 Android 智能手机发布于 2008 年 10 月。后来，Android 逐渐扩展到平板电脑及其他领域上，如电视、数码相机、游戏机等。2011 年第一季度，Android 在全球的市场份额首次超过塞班系统，跃居全球第一。2013 年的第四季度，Android 平台手机的全球市场份额已经达到 78.1%。2013 年 9 月 24 日，谷歌开发的操作系统 Android 迎来了 5 岁生日，全世界采用这款系统的设备数量已经达到 10 亿台。2014 年第一季度，Android 平台已占所有移动广告流量来源的 42.8%，首度超越 iOS，但运营收入不及 iOS。

二、Android 发展历史

2007 年 11 月 5 日，谷歌公司正式向外界展示了这款名为 Android 的操作系统，并且宣布建立一个全球性的联盟组织，该组织由 34 家手机制造商、软件开发商、电信运营商以及芯片制造商共同组成，并与 84 家硬件制造商、软件开发商及电信运营商组成开放手持设备联盟，共同研发改良 Android 系统，这一联盟将支持谷歌发布的手机操作系统以及应用软件，谷歌以 Apache 免费开源许可证的授权方式，发布了 Android 的源代码。

2008 年，在 Google I/O 大会上，谷歌提出了 Android HAL 架构图；在同年 8 月 18 日，Android 获得了美国联邦通信委员会(FCC)的批准；在 2008 年 9 月，谷歌正式发布了 Android 1.0 系统，这也是 Android 系统最早的版本。

2009 年 4 月，谷歌正式推出了 Android 1.5，从 Android 1.5 版本开始，谷歌开始将 Android 的版本以甜品的名字命名。Android 1.5 命名为 Cupcake(纸杯蛋糕)，该系统与 Android 1.0 相比有了很大的改进。

2009 年 9 月，谷歌发布了 Android 1.6 的正式版，并且推出了搭载 Android 1.6 正式版的手机 HTC Hero(G3)。凭借着出色的外观设计以及全新的 Android 1.6 操作系统，HTC Hero(G3)成为当时全球最受欢迎的手机之一。Android 1.6 也有一个有趣的甜品名称，它被称为 Donut(甜甜圈)。

2011 年 1 月，谷歌称每日的 Android 设备新用户数量达到了 30 万，到 2011 年 7 月，这个数字增长到了 55 万，且 Android 系统设备的用户总数达到了 1.35 亿，Android 系统已经成为智能手机领域占有量最高的系统。

2011 年 8 月，Android 手机已占据全球智能机市场 48%的份额，并在亚太地区市场占据统治地位，超过了 Symbian(塞班系统)，跃居全球第一。

2011 年 10 月，谷歌发布了 Android 4.0 操作系统，这款系统被谷歌命名为 Ice Cream Sandwich(冰激凌三明治)。

2012 年 1 月 6 日，谷歌 Android Market(安卓商店)已有 10 万开发者推出超过 40 万活跃的应用，大多数的应用程序是免费的。Android Market 应用程序商店目录在新年首周周末突破 40 万基准，距离突破 30 万仅用了 4 个月。

2013 年 11 月，Android 4.4 正式发布，从具体功能上讲，Android 4.4 提供了各种实用小功能，新的 Android 系统更智能，添加了更多的 Emoji 表情图案，UI 的改进也更现代，如 Hello iOS7 半透明效果。

2015 年 7 月 27 日，网络安全公司 Zimperium 研究人员警告，Android 存在“致命”安全漏洞，黑客发送一封彩信便能在用户毫不知情的情况下完全控制手机。

Android 在正式发行之前，最开始拥有两个内部测试版本，并且以著名的机器人名称来对其进行命名，分别是：阿童木(Android Beta)和发条机器人(Android 1.0)。后来，由于涉及版权问题，谷歌将其命名规则变更为用甜点作为它们系统版本的代号的命名方法：纸杯蛋糕(Android 1.5)，甜甜圈(Android 1.6)，松饼(Android 2.0/2.1)，冻酸奶(Android 2.2)，姜饼(Android 2.3)，蜂巢(Android 3.0)，冰激凌三明治(Android 4.0)，果冻豆(Android

4.1/4.2)，奇巧(Android 4.4)，棒棒糖(Android 5.0)，棉花糖(Android 6.0)，牛轧糖(Android 7.0)。

三、Android开发环境

1. Android运行环境的搭建

JDK原本是Sun公司的产品，由于Sun公司已经被Oracle收购，因此需要到Oracle公司的官方网站下载JDK。根据系统情况，选择相应版本的JDK进行下载，这里选择Windows-x64系统下的JDK安装程序进行下载。下载完成后，双击可执行文件进行安装。

默认安装到C盘，也可以根据自己的情况选择安装路径，本书安装到D盘下，路径为“D:\Java\jdkl.8.0_161\”。按步骤安装完成后，需要进行环境变量的配置，右击鼠标，在弹出的快捷菜单中选择“属性”→“高级系统设置”→“环境变量”选项，新建系统变量“JAVA_HOME”，其路径设置为“D:\Java\jdkl.8.0_61”。

然后，在系统环境变量中找到“Path”环境变量，点击“编辑”→“新建”，新增一条配置信息，内容为“D:\Java\jdkl.8.0_161\bin”。至此，环境变量配置完成。

为检验JDK是否安装成功，可使用“Win+R”快捷键，启动“运行”程序，输入CMD命令后进入DOS命令行窗口，输入java-version命令，可检验JDK是否安装成功。

2. Android Studio的下载与安装

通常情况，为了提高开发效率，需要使用相应的开发工具，在Android发布初期，推荐使用的开发工具是Eclipse。2015年，Android Studio正式版推出，标志着谷歌公司推荐的Android开发工具已从Eclipse改为Android Studio，而且在Android的官方网站中，也提供了集成Android开发环境的工具包。在该工具包中，不仅包含了开发工具Android Studio，还包括最新版本的Android SDK。下载并安装Android Studio后，就可以成功地搭建好Android的开发环境。

3. Android SDK的下载与安装

在启动界面中点击右下角“Configure”→“SDKManager”，进入到Android SDK下载界面，选择相应版本进行安装。安装完成后，需要配置环境变量，方法和JDK环境变量的设置相同。首先，新建环境变量“SDK_HOME”，将其变量设置为SDK所在目录，然后在Path变量值前加上“%SDK_HOME/tools”即可。设置完成后，可以运行CMCL命令，进入命令行串口，输入“Android-h”，可检验SDK是否安装成功。

4. 使用Android模拟器

Android模拟器是谷歌官方提供的一款运行Android程序的虚拟机，可以模拟手机、平板电脑等设备。作为Android开发人员，不管有没有给予Android操作系统的设备，都需要在Android模拟器上测试自己开发的Android程序。AVD(Android运行的虚拟设备)是

Android Virtual Device 的简称，通过它可以对 Android 模拟环境进行自定义配置，能够配置 Android 模拟器的硬件列表、模拟器的外观、支持的 Android 系统版本、附加 SDK 库和存储设置等。

由于启动 Android 模拟器需要配置 AVD，所以在运行 Android 程序前，首先需要创建 AVD 并启动 Android 模拟器。创建 AVD 模拟器的过程如下：

单击“NEXT”按钮，将弹出选择系统镜像对话框。在该对话框中，列出了已经下载好的系统镜像，可以根据自己的需求进行选择。本书以选择“Lollipop”系统镜像为例。

选择好系统镜像后，单击“NEXT”按钮，将弹出验证配置对话框。在该对话框的“AVD Name”处输入要创建的 AVD 名称，其他采用默认配置即可。

单击“Finish”按钮，完成 AVD 的创建。AVD 创建完成后，将显示在 AVD Manager 中。在 AVD Manager 列表界面点击绿色启动按钮，即可启动创建完成的 AVD。

5. 创建一个简单的 Android 应用程序

启动 Android Studio，在环境对话框中，可以创建新项目、打开已经存在的项目、导入项目等。在 Android Studio 中，一个 project(项目)相当于一个工作空间，一个工作空间中可以包含多个 module(模块)，每个 module 对应一个 Android 应用。接下来，通过一个例子介绍如何创建项目，即创建一个简单的 Android 应用。

在 Android Studio 欢迎对话框中，单击“Start a new Android Studio project”按钮，进入“Create New Project”对话框中，新建一个应用程序项目。在该对话框中的“Application Name”文本框中输入应用程序名称，例如 Hello Word，在“Company Domain”文本框中输入公司域名，例如 example. com，将自动生成 Package Name，并且默认为不可修改状态。如果想要修改，可以单击“Package Name”右侧的“Edit”超链接，使其变为可修改状态，然后输入想要的名称即可。然后，在“Project Location”文本框中输入想要保存项目的位置。

单击“NEXT”按钮，将进入到选择目标设备对话框。在该对话框中，首先选中“Phone and Table”复选框，然后在“Minimum SDK”下拉列表框中选择最小 SDK 版本，例如 API 14，即 Android 4.0。

单击“NEXT”按钮，将进入到选择创建 Activity 类型对话框。在该对话框中，将列出一些用于创建 Activity 的模板，可以根据需要进行选择，也可以选择不创建 Activity，即 Add No Activity。这里，我们选择创建一个空白的 Activity，即 Empty Activity。

单击“NEXT”按钮，将进入自定义 Activity 对话框，在该对话框中，可以设置自动创建 Activity 的类名和布局文件名称，这里采用默认设置。

单击“Finish”按钮，创建编译完成后，将打开该项目，即进入到 Android Studio 的主页，同时打开创建好的项目，默认显示“MainActivity. java”文件的内容。

默认情况下，在 Android Studio 中创建 Android 项目后，将默认生成项目结构。由于 Android 项目结构类型是创建项目后默认采用的，所以通常就使用这种结构类型。

要编写一个在手机屏幕上输出“Hello World”字符串的简单程序，只需对 src 中的 MainActivity. java 源程序进行修改，添加相应的字符串输出语句即可。

源程序修改完成后，在“Package Explorer”中选中“Hello World”项目，选择“Run”菜单中的“Runas”→“Android Application”命令，如果程序正确，就会启动创建好的Android模拟器运行该应用程序，在手机屏幕上输出“Hello World”字符串。

第七章　应用软件开发工具介绍

随着计算机应用领域的延伸、计算机技术的不断普及，计算机科学与技术相关领域的从业者越来越多地从事各种系统软件或应用软件的开发。本章首先介绍程序设计语言的分类，重点介绍了高级语言；然后介绍应用软件开发工具的基本构成，分别以 Windows 系统中图形界面的 Visual Studio 2010（简称 VS2010）以及 Linux 系统中命令行界面的几种不同的软件开发环境为例说明应用软件开发环境的基本构成、一般功能和使用方法。

第一节　程序设计语言

程序设计语言即用于书写计算机程序的语言。语言的基础是一组记号和一组规则，根据规则由记号构成的记号串的总体就是语言。程序设计语言有三方面的要素，即语法、语义和语用。语法表示程序的结构或形式，即表示构成语言的各个记号之间的组合规律，但不涉及这些记号的特定含义，也不涉及使用者。语义表示程序的含义，即表示按照各种方法所表示的各个记号的特定含义，但不涉及使用者。语用表示程序与使用者的关系。

一、程序设计语言的分类

按程序员与计算机对话的复杂程度，将程序设计语言分为低级语言和高级语言两类。低级语言又包括机器语言和汇编语言。

（一）机器语言

计算机所能直接接受的只能是二进制信息，因此，最初的计算机指令都是用二进制形式表示的。机器语言是以计算机能直接识别的“0”或“1”二进制代码组成的一系列指令，每条指令实质上是一组二进制数。指令送入计算机后，存放在存储器中，运行后，逐条从存储器中取出指令，经过译码，使计算机内各部件根据指令的要求完成规定的操作。用机器语言编写的程序称为机器语言程序，它是计算机唯一能直接理解的语言，但由于机器指令是烦琐冗长的二进制代码，所以利用机器语言编写程序要求程序设计人员熟记计算机的指令，工作量大、容易出错又不容易修改，同时，符合计算机系统的机器指令也不一定相同，所编制的程序只适用于特定的计算机系统。因此，利用机器语言编写程序对非计算机专业人员来说是比较困难的。为此，研究了一种汇编语言。

(二)汇编语言

由于机器语言编写程序困难很大,故出现了用符号来表示二进制指令代码的符号语言,称为汇编语言。汇编语言用容易记忆的英文单词缩写代替约定的指令,例如:用 MOV 表示数据的传送指令,用 ADD 表示加法指令,用 SLB 表示减法指令,等。汇编语言的出现使得程序的编写方便了许多,并且编写的程序便于检查和修改。用汇编语言编写的程序称为汇编语言源程序,常简称为汇编语言程序。

计算机只能够执行机器语言表示的指令系统,因此利用汇编语言编写的程序必须经过翻译,转换为机器语言代码才能在计算机上运行,这个过程是通过一个翻译程序自动完成的。将汇编语言程序翻译成机器语言程序的程序通常称为汇编程序,翻译的过程称为汇编。

汇编语言仍然是面向机器的程序设计语言,与具体的计算机硬件有着密切的关系。汇编语言指令与机器语言指令基本上是一一对应的,利用汇编语言编写程序必须对计算机的硬件资源有一定的了解,如计算机系统的累加器、各种寄存器、存储单元等。因此,汇编程序的编写、阅读对非计算机专业人员来说,依然存在着较大的障碍,为了克服这些不足之处,进一步研制出了高级语言。

(三)高级语言

高级语言是更接近自然语言和数学表达式的一种语言,它由表达不同意义的“关键字”和“表达式”按照一定的语法、语义规则组成,不依赖于具体机器。用高级语言编写的程序易读、易记,也便于修改、调试,大大提高了编制程序的效率,也大大提高了程序的通用性,便于推广交流,从而极大地推动了计算机的普及应用。

用高级语言编写的程序称为源程序。源程序必须经过“翻译”处理,成为计算机能够识别的机器指令,计算机才能执行。这种“翻译”通常有两种做法,即解释方式和编译方式。

1.解释方式

解释方式是通过解释程序对源程序进行逐句翻译,翻译一句,执行一句,翻译过程中并不生成可执行文件,这和“同声翻译”的过程差不多,如果需要重新执行这个程序,就必须重新翻译。因为解释程序每次翻译的语句较少,所以对计算机的硬件环境(如内存储器)要求不高,特别是在早期的计算机硬件资源较少的背景下,解释系统被广泛使用。当然,因为是逐句翻译,两条语句执行之间需要等待翻译,因此程序运行速度较慢,同时系统一般不提供任何程序分析和代码优化,这种方式有特定的时代印记,现在主要使用在专用系统中。

2.编译方式

编译方式是利用编译程序把高级语言源程序文件翻译成用机器指令表示的目标程序文件,再将目标程序文件通过连接程序生成可执行文件,最后运行可执行文件,得到计算结果。生成的可执行文件就可以脱离翻译程序单独执行了。

编译系统由于可进行代码优化(有的编译程序可做多次优化),所以目标码效率很高,是目前高级语言实现的主要方式。常见的程序设计语言,如 C/C＋＋、FORTRAN 等都是编译语言。用这些语言编写的源程序,都需要进行编译、连接,才能生成可执行程序。

编译程序是一个十分复杂的程序,将源程序编译生成目标程序要做一系列的工作。

(1)词法分析器。它对字符串形式的源程序代码进行扫描,按语言的词法规则识别出各类单词,并将它们转换为机内表示形式。词法分析器又称扫描器。

(2)语法分析器。它的作用是对单词进行语法分析,按该语言语法规则分析出一个个语法单位,如表达式、语句等。

(3)中间代码生成器。它将由语法分析获得的语法单位转换成某种中间代码。高级语言不像汇编语言那样和机器语言具有一一对应的关系,因此很难一步把它们翻译成机器指令序列,通常先将其翻译成中间代码,再将中间代码序列翻译成最终的目标代码。采用中间代码的好处是可以对中间代码进行代码优化。

(4)代码优化器。它的作用是对中间代码进行优化,以便最后生成的目标代码在运行速度、存储空间等方面具有更高的质量。

(5)目标代码生成器。它的作用是将优化后的中间代码转换为最终的目标程序。

不难理解的是,在上述翻译过程中,编译程序只能发现程序中的语法错误,而不能发现算法设计中的错误。前者属于语言范畴,而后者则属于逻辑问题,解决程序的逻辑问题是程序设计者的任务。

随着高级语言的发展,出现了高级语言各自的集成化开发环境(Integrated Development Environment,IDE)。所谓集成化开发环境,就是将源程序文件的编辑、翻译(解释或编译)、连接、运行及调试等操作集成在一个环境中,各种操作设计成菜单命令。除了关于程序执行的主要操作命令外,还设计了关于文件操作的命令(如文件打开、存盘、关闭等)、程序调试命令(如分步操作、跟踪、环境设置等)等,方便了程序的编写、调试和运行。

二、常用的程序设计语言

目前,已有的程序设计语言有很多种,但只有少部分得到了比较广泛的应用,下面介绍几种常用的程序设计语言。

(一)C 语言和 C++语言

C 语言是 20 世纪 70 年代初由美国贝尔实验室的丹尼斯·里奇在 B 语言的基础上开发出来的,主要用于编写 UNIX 操作系统。C 语言功能丰富、使用灵活、简洁明了、编译产生的代码短、执行速度快、可移植性强。C 语言最主要的特色是虽然形式上是高级语言,但却具有与机器硬件沟通的底层处理能力,能够很方便地实现汇编级的操作,目标程序效率较高。它既可以用来开发系统软件,也可以用来开发应用软件。C 语言的显著特点,使其迅速成为最广泛使用的程序设计语言之一。

1980 年,贝尔实验室的本贾尼·斯特劳斯特卢普对 C 语言进行了扩充,加入了面向对象的概念,对程序设计思想和方法进行了彻底的革命,并于 1983 年改名为 C++语言。由于 C++语言对 C 语言是兼容的,而 C 语言的广泛使用使得 C++语言成为应用最广的面向对象程序设计语言。目前,主要的 C++语言开发工具有 Borland 的 C++ Builder 和

Microsoft 的 Visual C++、C# 等。

(二)Java 语言

Java 是在 1995 年由 Sun 公司开发的面向对象的程序设计语言，主要用于网络应用开发。Java 的语法类似于 C++语言，但简化并除去了 C++语言的一些容易被误用的功能(如指针等)，使程序更严谨、可靠、易懂。它适用于 Internet 环境并具有较强的交互性和实时性，提供了对网络应用的支持和多媒体的存取，推动了 Internet 和企业网络的 Web 进步。Java 语言的跨平台性使其应用迅速推广，且 Sun 公司的 J2EE 标准的发布，加速推动了 Java 在各个领域的应用。

(三)标记语言和脚本语言

在网络时代，要制作 Web 页，需要标记语言和脚本语言，虽然它们不同于前面介绍的程序设计语言，但也有相似之处。标记语言是一种描述文本、文本结构和外观细节的文本编码。脚本语言以脚本的形式定义一项任务，以此控制操作环境，扩展使用应用程序的性能。在网络应用软件开发中，标记语言描述网页中各种媒体的显示形式和链接；脚本语言增强 Web 页面设计人员的设计能力，扩展网页应用。

1. 标记语言

超文本标记语言(Hypertext Markup Language，HTML)是网页内容的描述语言。HTML 是格式化语言，它确定 Web 页面中文本、图形、表格和其他一些信息的静态显示方式，它能将各处的信息连接起来，使生成的文档成为超文本文档。HTML 编写的代码是纯文本的 ASCII 文档，当使用浏览器进行查看时，这些代码能产生相应的多媒体、超文本的 Web 页面。

可扩展标记语言(Extensible Markup Language，XML)定义了一套定义语义标记的规则，这些标记将文档分成许多部件并对部件加以标记。XML 是对 HTML 的扩展，主要是为了克服 HTML 只能显示静态的信息、使用固定的标记、无法反映数据的真实物理意义等缺陷。

2. 脚本语言

脚本语言实质是大型机和微型机的批处理语言的分支，将单个命令组合在一起，形成程序清单，以此来控制操作环境，扩展使用应用程序的性能。脚本语言不能独立运行，需要依附一个主机应用程序来运行。VBScript、JavaScript 是专用于 Web 的脚本语言，主要解决 Web 的动态交互问题。脚本语言分为客户端和服务器端两个不同版本，客户端实现改变 Web 页外观的功能，服务器端完成输入验证、表单处理、数据库查询等功能。

三、高级语言的基本特征

高级语言自 20 世纪 50 年代问世以来，种类繁多，虽然每种语言都是针对不同的应用背景设计的，都具有自己的特点，但是都有共同的基本特征。

(一)数据类型

数据是程序的处理对象,其重要特征是数据类型,数据的类型确定了该数据的形式、取值范围以及所能参与的运算。也就是说,数据类型不同,它的取值形式、范围以及在计算机中的存储方式也是不同的,同样,能参与的运算也是不同的。例如,整数 475 与字符“475”是两种不同类型的数据,它们的存储方式和参与的运算也是不同的。

各种高级语言都提供了丰富的数据类型,这些数据类型可以分为两大类:简单类型和构造类型。其中,简单类型一般有整型、实型、字符型、逻辑型、指针类型等,构造类型有数组类型、集合类型、记录类型、文件类型等。

不同的高级语言,所提供的数据类型是不同的,数据类型越丰富,该语言的数据表达能力越强。例如,C 语言和 Pascal 语言的指针类型为建立动态数据结构提供了方便,FORTRAN 的双精度型、复数型数据提高了其数值计算能力。

(二)运算与表达式

1. 常量

常量就是固定的值,在高级语言中,常量是有类型的,不同类型的常量有严格的表示方式。即便是同一类型的常量,在不同的高级语言中,表示方法也可能不同。

2. 变量

程序中定义一个变量,在编译该程序时编译系统为该变量分配相应的存储单元,即一个变量名对应一个存储单元。

在高级语言中用变量名的方式对存储单元进行访问,这些访问包括从存储单元中读数、向存储单元中存数、把存储单元的数据输出等。不同的高级语言对变量名的规定、对变量的定义方式都有各自的语法规定。在使用某种高级语言编写程序时,要严格按照该高级语言的语法规定定义变量。变量一般都要先定义,后使用。

3. 表达式

表达式就是把常量、变量和其他形式的数据用运算符连接起来的式子。高级语言中的运算符如下所述。

(1)算术运算符:加、减、乘、除、乘方。

(2)关系运算符:大于、小于、等于、大于等于、小于等于、不等于。

(3)逻辑运算符:与、或、非。

(4)字符运算符:字符连接。

在高级语言中,根据表达式结果类型不同,表达式可分为算术表达式、关系表达式、逻辑表达式和字符表达式。其中,算术表达式的结果是算术量,关系表达式和逻辑表达式的结果是逻辑量,字符表达式的结果是字符量。各种运算符有不同的优先级别。在设计程序时,必须严格按照所使用程序设计语言的语法规定书写表达式,确保编译系统所识别的表达式与实际表达式一致。

(三)语句

一个程序的主体是由语句组成的,语句是构成程序的基本单位,语句决定了如何对数据进行处理。在高级程序语言中,语句分为两大类:可执行语句和说明语句。

可执行语句是指那些在执行时要完成特定的操作(或动作),并且在可执行程序中构成执行序列的语句。例如,赋值语句、流程控制语句、输入输出语句都是可执行语句。

说明语句也称为非执行语句,不是程序执行序列的部分。它们只是用来描述某些对象(如数据、子程序等)的特征,将这些有关的信息通知编译系统,使编译系统在编译源程序时,按照所给的信息对对象做相应的处理。

1.赋值语句

赋值语句是高级语言中使用最频繁的数据处理语句,其功能是完成数据的运算和存储。程序设计需要进行某种运算时,通常是将该运算通过一个表达式表示出来,交给计算机来完成,运算的结果存储到计算机的存储单元中,以备后面的数据处理使用,在高级语言中使用赋值语句实现上述过程。赋值语句的一般格式为

变量名　赋值号　表达式

在赋值语句中,变量名代表计算机的存储单元,表达式表示所进行的运算。不同的高级语言,赋值号的形式不同,通常使用数学中的"="作为赋值号。切勿将赋值号理解为数学上的等号,赋值实际上是代表一种传送操作。例如,C语言中的语句"x=x+1",表示读出变量x存储单元中的数据,然后加1,再将运算的结果存入变量x存储单元中。

2.输入输出语句

输入输出语句在某些高级语言中有的有定义,有的则没有,如C语言是通过输入和输出函数来完成的。

输入语句也是程序设计中经常使用的语句,用来从外部设备获得数据处理中所需要的数据。通过设置输入语句,程序在运行过程中需要数据时,系统就可以从指定的外部设备中读取数据,因此在输入语句中要说明输入什么数据、用什么格式输入、使用什么设备输入。

输出语句是程序设计中不可缺少的语句,只有通过输出语句,系统才会把计算机存储单元中的数据按照指定的格式输出到指定的输出设备上,因此在输出语句中同样要说明输出什么数据、用什么格式输出、使用什么设备输出。

3.程序的控制结构语句

在高级语言中,使用顺序结构、选择结构和循环结构3种结构化的控制结构。不同的高级语言使用不同形式的语句结构来实现这3种控制结构。

(1)顺序结构。顺序结构是按照语句的先后顺序依次执行语句。实现顺序控制结构不需要特殊的控制语句,只需按照算法的顺序依次以高级语言语句的形式描述为程序即可。

(2)选择结构。选择结构是根据给定的条件决定语句的执行顺序。当条件成立时,执行一种操作;当条件不成立时,执行另一种操作。各种高级语言都提供了多种完成选择结构的

语句,如 C 语言的 if... else 语句。

(3)循环结构。循环结构控制重复执行一条或多条语句,与选择结构相同,各种高级语言都提供了多种实现循环结构的语句,而且其基本功能相同,只是语句格式有细微差别。

(四)子程序、函数与过程

子程序、函数和过程从某种意义上说应该是同一概念,只是在不同的高级语言中说法不同,它们都是高级语言中提供的实现模块化程序设计和简化程序代码的途径。通常,一个子程序、一个函数或一个过程用来完成一个特定的功能,它们可以被主程序模块或其他程序模块调用,有些高级语言中还允许它们自己调用自己(递归调用)。例如:在 Visual Basic、FORTRAN 语言中,用子程序、函数来实现模块化设计;在 C 语言中,用函数实现模块化设计;在 Pascal 语言中,用过程、函数来实现模块化设计。不同的高级语言中子程序、函数和过程的结构形式有一定的差异,但它们的基本思想是相同的,编写的方法也基本相同。基本思路是:定义子程序、函数或过程,定义主调模块和被调模块之间的参数及参数传递方式,在主调模块中正确调用被调用模块。

四、常用的高级语言

计算机能直接识别的语言是机器语言,但机器语言用二进制代码表示机器指令,且跟具体的计算机结构有关,所以程序直观性差、通用性不强,因此一般应用人员都学习利用一种高级语言来编写程序。

(一)传统高级语言

1. FORTRAN 语言

FORTRAN 是 Formula Translation 的缩写,意为“公式翻译”,在科学计算领域有着十分广泛的应用。FORTRAN 语言于 1954 年被提出,于 1956 年得以实现。它作为世界上第一个被正式推广使用的高级语言,使得编写程序更为方便、容易,促进了计算机的应用和普及。

FORTRAN 语言问世以来,经过不断发展,先后形成了许多不同版本,如 FORTRAN 66、FORTRAN 77 等。1991 年,经 ISO 和 ANSI(美国国家标准学会)双重批准公布了新的 FORTRAN 国际标准 FORTRAN 90,它针对 FORTRAN 77 主要扩充了自由的书写格式、模块化机制、派生类型、类型参数化、指针和递归等。FORTRAN 90 公布之后不久又出现了 FORTRAN 95,FORTRAN 95 扩充了在高性能计算方面的功能,补充了增强的数据类型工具,定义了对 IEEE 浮点算术和浮点异常处理的支持。后来,又陆续推出了 FORTRAN 2003、FORTRAN 2008 等新版本。如今的 FORTRAN 语言不仅保持着擅长科学计算的优势,而且可以像 Visual、BASIC、Visual C++一样开发出基于图形用户界面的应用程序。

2. BASIC 语言

1964 年诞生的 BASIC 语言是较早出现且至今仍有较大影响的语言之一。BASIC 是

Beginners' All - purpose Symbolic Instruction Code 的缩写，其含义是"初学者通用符号指令代码"。BASIC 简单易学，程序容易理解，特别适合初学者学习。BASIC 语言也经历了各种版本，如 Quick BASIC、Turbo BASIC、True BASIC 等。

1991 年，Microsoft 公司推出了 Visual Basic 1.0，这是一个基于对象的开发工具，采用可视化界面设计和事件驱动的编程机制，允许程序员在一个所见即所得的图形界面中迅速完成开发任务。1998 年发布的 Visual Basic 6.0 是传统 Visual Basic 中功能最全、应用最广的一个版本。伴随着 NET 平台的问世，Visual Basic. NET 又以一个全新的面目出现。

3. Pascal 语言

1968 年，瑞士的 N. Wirth 教授设计完成了 Pascal 语言，为纪念计算机先驱 Blaise Pascal 而命名，1971 年正式发表。Pascal 语言最初是为系统地教授程序设计而设计的。与以往的编程语言相比，Pascal 语言在程序设计目标上强调结构化程序设计方法，现在的结构化程序设计思想的起源应归功于它，所以 Pascal 语言是一种结构化程序设计语言，特别适合用于教学。

4. C 语言

1972 年，C 语言在美国贝尔实验室问世。最初的 C 语言只是为描述和实现 UNIX 操作系统而设计的，后来美国国家标准学会(ANSI)和国际标准化组织(ISO)对其进行了发展和扩充。C 语言既有高级语言的优点，又有接近汇编语言的效率，是集汇编语言和高级语言的优点于一身的程序设计语言。

到了 20 世纪 80 年代，贝尔实验室在 C 语言的基础上推出了 C＋＋程序设计语言，成了广泛使用的面向对象语言的代表。它既可用来编写系统软件，也可用来编写应用软件。

C/C＋＋具有很大的灵活性，但这是以开发效率为代价的，一般来说，相同的功能，C/C＋＋开发周期要比其他语言长。人们一直在寻找一种可以在功能和开发效率之间达到更好平衡的语言。好的替代语言应该能为现存和潜在平台上的开发提供更高的效率，可以方便地与现存应用结合，并且在必要时可以使用底层代码针对这种需求，Microsoft 公司推出了一种称为 C# 的开发语言。C# 在更高层次重新实现了 C/C＋＋，是一种先进的、面向对象的语言。通过 C# 可以让开发人员快速建立基于 Microsoft 网络平台的应用，并且提供大量的开发工具和服务。

5. COBOL 语言

COBOL 的全称是 Common Business - Oriented Language，意为"面向商业的通用语言"。COBOL 按层次结构来描述数据，完全适合现实数据处理的数据结构。它重视数据项和输入输出记录的处理，对具有大量数据的文件提供了简单的处理方式。COBOL 主要面向数据处理，但由于数据库系统的广泛应用，现在已经很少使用 COBOL 来编写管理程序了。

(二)网络编程语言

1. Java 语言

随着 Internet 应用的发展,1995 年 5 月,Java 正式问世。一些著名的计算机公司纷纷购买了 Java 语言的使用权,随之出现了大量用 Java 编写的软件产品,受到了工业界的重视与好评。

Java 的基本结构与 C++极为相似,但却简单得多。它充分吸取了 C++语言的优点,采用了程序员所熟悉的 C 语言和 C++语言的许多语法,同时又去掉了 C 语言中指针、内存申请和释放等影响程序运行的部分。Java 语言具有安全、跨平台、面向对象、简单、适用于网络等显著特点,已经成为流行的网络编程语言。

2. 脚本语言

在 Internet 应用中,有大量的脚本语言,它不能独立运行,通常是嵌入 HTML 文本中,用于解释执行的。脚本语言的出现使信息和用户之间不再只是一种显示和浏览的关系,而是具备了一种实时的、动态的、交互式的表达能力。它使得原先静态的 HTML 页面被可提供动态、实时信息的 Web 页面所代替,这些页面可以对客户的输入操作做出反应,并动态地在客户端完成页面内容的更新。

脚本(程序)分为服务器端脚本和客户端脚本,两者的主要区别是服务器端脚本在 Web 服务器上执行,由服务器根据脚本的执行结果生成相应的 HTML 页面,发送到客户端浏览器中并显示,而客户端脚本由浏览器进行解释执行。用于客户端脚本的脚本语言有 JavaScript、VBScript 等,用于服务器端脚本的脚本语言有 JavaScript、VBScript、Perl、PHP 等。

(三)科学计算语言

20 世纪 80 年代出现了科学计算语言,MATLAB 是其中比较优秀的一种。MATLAB 是 Matrix Laboratory(矩阵实验室)的缩写,它自从 1984 年由美国 MathWorks 公司推出以来,经过不断改进和发展,现已成为国际公认的优秀的工程应用开发环境。MATLAB 功能强大、简单易学、编程效率高,深受广大科技工作者的欢迎。

MATLAB 以矩阵作为数据操作的基本单位,这使得矩阵运算变得非常简洁、方便、高效。MATLAB 还提供了十分丰富的函数,能完成数值计算、符号计算、绘制图形等功能,而且 MATLAB 具有传统编程语言的特征,能很方便地实现程序控制。MATLAB 还提供很多工具箱,功能性工具箱扩充了其符号计算功能和可视建模仿真功能,学科性工具箱专业性比较强,可以直接利用这些工具箱进行相关领域的科学研究。

第二节　软件开发过程简介

应用软件开发工具一般由三个基本的功能部分构成:程序编辑工具、编译器、程序调试器。程序开发通常都包括的工作:先根据程序的功能需求在某种编辑器中写入源程序代码,然后用相应程序语言的编译器将源程序翻译成某种形式的二进制目标代码，其间使用程序调试器不断检查和发现程序中的错误，对于规模较大的程序开发项目则有必要使用软件版本管理软件对代码进行管理。

一、程序的编辑

程序编辑器主要完成源程序代码的输入、编辑、按名存储。原则上可以使用任意一种文本编辑程序，建立源程序，如 Windows 下的记事本程序、写字板程序，Linux 或 UNIX 操作系统中的 VI 编辑器等。需要说明的是，无论使用哪种文本编辑器书写代码，文件名一般按编译器的要求命名，比如 C 语言程序使用 c 作为扩展名，C＋＋程序使用 cpp 作为扩展名。除非使用编译选项指定源文件的语言类型，否则编译器会认为源程序是不合法的输入文件。

二、程序的编译

在编辑器中建立的应用程序，一般是高级语言程序，一些与硬件关系密切的应用程序也可能是用汇编语言编写的程序，这些程序必须经过编译器或者解释器、汇编器翻译成机器语言程序之后才能在硬件上执行，如：C/C＋＋程序必须经过编译生成目标代码，再经过链接生成可执行程序后才能被加载入内存由 CPU 执行；而 UNIX 和 Linux 系统中在命令行界面执行的 Shell 脚本程序是解释执行的；Java 源程序先被编译成字节码程序，然后在不同的目标机器上被 Java 虚拟机解释后执行。

三、程序的调试

程序调试器是帮助程序员发现程序中错误的工具，其功能通常包括以下几方面。

(1)控制程序运行。调试器最基本的功能之一就是通过设置断点中断正在运行的程序，并使其按照程序调试者的意愿执行。

(2)查看程序运行中的信息。通过调试器可以查看程序的当前信息，如当前线程的寄存器信息、堆栈信息、内存信息、反汇编信息等。

Windows 系统中图形界面的集成开发环境中，程序调试的功能作为开发环境的组成部分被集成在开发环境中，程序的编辑、编译、调试都通过菜单选项的操作来启动，程序调试器的各种操作可通过鼠标单击菜单选项或者使用组合的快捷键来完成；而在 UNIX 或者 Linux 的终端命令行环境中，通过命令和参数启动程序调试器，使用特定的按键来完成各种调试操作。

第三节 Linux 编程环境

Linux 操作系统是应用日益广泛的开源操作系统，其不同的发行版都有不同的图形用户界面和命令行界面——Linux Shell。本节以 Linux 的命令行界面为例介绍如何在使用命令行的环境中完成程序的编辑、编译、调试。本质上，图形用户界面中的选项、命令行界面中的命令都对应了完成某种功能的程序，使二者为用户提供的界面形式和程序调用接口不同。

本节先介绍 Linux 系统的几个简单、常用的命令，其中包括启动 VI 编译器命令，然后介绍程序编译工具 GCC 和程序调试工具 GDB 的基本使用方法，最后介绍软件版本管理软件 Git 的功能及使用方法。

一、Linux 中的命令

Linux 命令是用户系统提交服务请求的一种方式。在图形用户界面下，用户通过鼠标单击工具按钮、菜单命令等方式提交请求，告知系统自己的需求。在命令行方式下，用户通过键盘输入命令向系统提交请求以获取需要的功能服务。本节将介绍 Linux 系统的一些简单的常用命令，以助于用户在 Linux 系统的命令行界面中完成 sum. c 程序的编辑、编译、链接、调试。

Linux 命令的通用格式：

命令名[选项][参数]

其中，“命令名”是表示功能的字符串；“选项”用于确定命令的具体功能，以减号“-”开始，后面跟一个表示功能选项的字符；“参数”通常表示命令操作的对象。比如，命令“ls - a /bin”，ls 是命令名，其功能是显示目录；- a 表示命令 ls 的选项；ls - a 的功能是显示指定目录下的所有子目录与文件；参数/bin 表示显示/bin 目录下的所有子目录与文件。

注意：命令名、命令选项、命令参数之间空一格。此外，需要说明的是，命令不一定都有选项和参数，比如，命令 pwd 是只带选项，不带参数的命令；命令 cd 是不带选项，只带参数的命令。

Linux 的命令按照功能可分为 7 类：目录操作命令、文件操作命令、文件内容操作命令、帮助命令、归档及压缩命令、权限命令、环境命令。

下面，对部分 Linux 命令及其常用的选项、参数进行说明。

(一)目录操作命令

1. pwd 命令

功能：查看工作目录，判断当前目录在文件系统内的确切位置。

格式：pwd[选项]。

pwd 命令的选项不常用，通常只使用不带选项的命令以显示当前路径名。

2. cd 命令

功能：切换工作目录。

格式：cd[参数]。

cd 命令的参数可以是绝对路径名，也可以是相对路径名。

3. ls 命令

功能：显示目录。

格式：ls[选项][参数]。

常用命令选项如下：
-l：以长格式显示文件的详细信息。
-a：显示指定目录下所有子目录和文件。
ls 命令的参数是目录或文件名。

4. mkdir 命令

功能：创建新目录。
格式：mkdir[选项][参数]。
mkdir 命令的常用形式只带参数，不带选项，参数部分给出新创建的子目录名。

(二)文件操作命令

1. touch 命令

功能：如果作为参数的文件不存在，则新建一个空文件；如果作为参数的文件存在，则更新文件时间戳。
格式：touch[参数]。
touch 命令的参数是文件名。

2. cp 命令

功能：复制文件或目录。
格式：cp[选项][参数]。
常用命令选项如下：
-r：复制整个目录树。
-f：以覆盖方式复制同名文件或目录。
cp 命令的参数为文件名或目录名。

3. rm 命令

功能：删除文件或目录。
格式：rm[选项][参数]。
常用命令选项如下：
-f：删除文件或目录，不进行提醒。
-i：删除文件或目录时提醒用户确定。
-r：删除整个目录树。
rm 命令的参数为文件名或目录名。

(三)文件内容操作命令(cat 命令)

功能：显示出文件的全部内容。
格式：cat[参数]。
cat 命令的参数为文件名或目录名。

(四)帮助命令

1. -- help

功能:大部分 Linux 外部命令都具有-- help 参数,通过输入:命令 help,可以查阅当前命令的用法,输入"ls -- help"命令可以获取命令 ls 的帮助信息,包括 ls 命令的格式、功能、选项说明等。

2. man 命令

功能:man 是手册命令。使用 man 命令阅读手册页,使用"↑""↓"方向键滚动文本,使用"PageUp""PageDown"键翻页,使用"Q"或"q"键退出阅读环境,使用"/"键查找内容。

格式:man[参数]。

man 的参数是命令。

例如,在命令提示符 $ 下输入:man ls,可以获取 ls 命令的手册。

二、全屏幕编辑器

Vi(Visual Edit),即可视化的全屏幕文本编辑器,是 UNIX 和 Linux 系统中常用的文本编辑器。Vi 占用资源少、功能全面、使用方便。初学者刚开始可能不习惯 Vi 的纯键盘操作方式,但一旦熟练使用 Vi 后,可以极大地提升文件的编辑效率。作为 Vi 编辑器的"升级版",Vim(VI Improved)不仅完全兼容 Vi 的功能,还提供了更丰富的功能,已经逐渐取代了 Vi,成为 Linux 和 UNIX 主流的编辑器,不过大家仍习惯使用 Vi 作为 Vim 的简称。

在使用 Vi 之前,需要了解 Vi 的工作模式。Vi 的工作模式有以下三种。

(1)命令模式:首次打开 Vi 编辑器,默认进入 Vi 命令模式。该模式下可以使用 Vi 的快捷键命令,比如移动光标、选择内容、复制、粘贴、删除等。

(2)插入模式:插入模式下,可以在 Vi 内输入字符。在命令模式下,按"a/A""i/I""o/O"等快捷键后可以进入插入模式。最常用的快捷键功能:a,在当前光标字符后插入;A,在当前行尾插入;i,在当前贯标为"="位置插入;I,在当前行首插入;o,在下一行插入;O,在上一行插入。

(3)末行模式:在末行模式下可进行辅助的文字编辑操作,如搜索替换、保存文件、执行 Vi 命令、修改 Vi 配置等。在命令模式下,按":"键可以进入末行模式,在末行模式下输入 Vi 命令后,按"Enter"键执行。由于在末行模式下,Vi 命令模式下的快捷键仍然可用,因此也可以把末行模式并入命令模式,后边描述中的末行模式统一称为命令模式。

Vi 的快捷键和命令十分丰富,很少有人完全掌握所有的操作命令,对于一般的文本编辑,掌握一部分常用命令即可满足需要,用户可以根据自己对 Vi 的不断熟悉逐渐丰富自己的操作熟练程度。接下来,本节结合常用 Vi 操作,帮助初学者快速上手使用 Vi。

(一)文件操作

1. 打开文件

使用 Vi 命令指定文件名,Vi file 可以打开或创建新的文件(file)。

2. 保存文件

使用“:w”命令保存对文件的更改，使用“:wfile”可以将文件保存为新文件(file)。

3. 退出 Vi

使用“:q”退出 Vi。如果需要退出当前，保存文件更改，使用“:wq”或“:x”；如果需要丢弃文件的更改退出，使用“:q!”。

使用 Vi 修改文件时，有一种常见的文件情况：当用户编辑无权限的文件时，是无法保存更改的，这时可以使用“:w! sudo tee%”强制保存文件更改，然后使用“:q!”退出即可。不过该操作要求编辑文件的用户具有 sudo 权限。

(二)光标移动

1. 上下左右移动

使用快捷键“h”“j”“k”“l”可以左、下、上、右移动光标。快捷键的记忆方式：由于“h”“j”“k”“l”4 个键在键盘上为一排，其中“h”在最左边对应左移、“l”在最右边对应右移、“j”对应下移，“k”对应上移。如果不习惯使用这 4 个键的话，可以使用方向键代替。

2. 行内光标移动

使用“o”或“^”键将光标移动到下一行的行首，使用“ $ ”键将光标移动到行尾。如果要在行首插入，使用键“l”；如果要在行尾插入，使用键“A”。

3. 文件内光标移动

使用命令“gg”将光标移动到文件首部，使用“G”键将光标移动到文件尾部。在浏览大文件时，可以使用翻页快捷键，其中“Ctrl＋d”对应向下翻页，“Ctrl＋u”对应向上翻页。

4. 逐单词移动

使用“w”键向后跳过一个单词，使用“b”键向前跳过一个单词。使用“W”键和“B”键也可以做类似的操作，不过该操作可以跳过标点符号。

5. 光标跳转

使用“n”或“:nG”命令将光标跳转到第 n 行的行首。其中 n 表示一个正整数，例如“10”表示将光标跳转到第 10 行。使用命令“:set number”可以打开文件行号，使用命令“set nonumber”可以关闭行号。

(三)文本选择

1. 字符选择

使用“v”键选择当前光标后的字符，结合光标移动可以任意选择一段文本内容。最常用命令“gg＋v＋G”选择所有文本内容。另外，使用命令“v＋n＋Enter”可以选择当前光标到后边 n 行以内的文本，其中 n 为正整数。

2. 行选择

使用“v”键选择当前行，结合光标移动可以任意选择多行内容。同样，使用命令“gg+v+G”也可以选择所有文本内容。

3. 列选择

使用“Ctrl+v”选择光标所在的列，结合光标移动可以任意选择多列内容。

(四)文本编辑

使用前面的文本选择命令，结合编辑快捷键可以很方便地对文本进行编辑操作。

1. 复制

使用“y”键复制被选择的文本，也可以使用“yy”直接复制当前行。如果需要复制当前行光标到行尾的所有内容，可以使用命令组合键“y+MYM”。类似地，复制当前光标到行首的内容，可以使用命令组合件“y+^”。

2. 剪切

使用“x”键剪切光标之后的字符，也可以剪切被选择的文本。

3. 粘贴

使用“P”键将上次复制或者剪切的文本内容粘贴到当前光标的下一行。使用“P”键可以将上次复制或者剪切的文本内容粘贴到当前光标的上一行处。

4. 删除

使用“dd”删除当前行。类似地，删除当前光标到行尾的内容使用命令“d+MYM”。如果需要删除当前光标到行尾的内容并进入插入命令，可以使用快捷键“C”。如果需要删除整个文件的内容，可以使用命令“gg+d+G”。如果需要将行尾的换行符删除，使用“J”键可以做到快速合并下一行到当前行。如果需要将光标后的一个单词删除，使用命令“d+w”，反之，删除光标前的单词使用命令“d+b”。

5. 撤销与恢复

使用“u”键可以撤销上次编辑操作，反之，恢复操作使用命令“Ctrl+R”。

6. 列编辑

列编辑是 Vi 提供的强大功能，尤其是需要注释多行代码的时候最为常用，例如为第10～20 行的代码文本添加 C 语言单行注释“//”，那么可以按照如下命令序列操作。

(1)使用命令“:10”将光标移动到第 10 行行首。

(2)使用“Ctrl+v”进入列选择模式，选择第 10 行的第一列。

(3)使用“10+Enter”向后选择后 10 行的第一列。

(4)使用“I”快捷键进入列编辑插入模式,此时光标回到第10行行首。

(5)输入文本“//”插入C语言单行注释标注。

(6)使用“Esc”快捷键退出列编辑模式,此时Vi会自动将第10～20行插入上一步输入的文本内容,完成10～20行代码的注释。

(五)搜索替换

1. 搜索

使用“/word”命令可以对单词(word)进行向后搜索。使用“n”快捷键可以快速向后跳转到下一个匹配项,使用“N”快捷键可以反向跳转到上一个匹配项。类似地,使用“? word”命令可以单词(word)进行向前搜索,对应的快捷键“n”和“N”功能也与前者相反。

如果需要为搜索的关键字指定大小写敏感匹配,则需要在搜索关键字前插入字符序列“\C”,例如向后搜索word时大小写敏感匹配,则Vi命令为“/\Cword”。Vi支持搜索关键字使用正则表达式,具体使用方法可以参考相关文档。

2. 替换

文本替换操作也是常用的文本编辑功能,Vi命令模式下,使用“:%s/word/newword/g”命令,可将所有出现的word关键字替换为新的单词(new word)。更多替换命令语法的具体使用方法可以参考相关文档。

(六)高级配置

以上仅仅描述了Vi提供的常用基础功能,如果需要对Vi进行定制,如更换主题、设置字体和亮度、添加插件、初始化配置等,可以在用户目录下的“. vimrc”中进行自定义设置。关于Vi自定义设置的内容可以参考相关资料。

三、GCC编译器

程序在编辑器中被创建后,需要编译、链接后才能执行。本节介绍Linux的命令行环境下GCC编译器的选项和使用方法。

(一)GCC简介

GCC(GNU Compiler Collection,CNU编译器套件)是Linux环境下的编译工具集,是GNU编译器套件,支持多种编程语言的编译,如C/C++、Objective-C、Fortran、Java等。GCC支持x86、ARM、MIPS等多种硬件体系结构。

GCC编译器对程序的处理要经过预处理、编译、汇编、链接四个阶段,以产生一个可执行文件。GCC支持默认扩展名,上述四个阶段产生不同的默认文件类型。

用户可以通过终端输入gcc或者man gcc分别查看GCC命令的选项及选项的说明信息。

(二)编译程序

本节以编译Sum. c程序为例简要介绍如何在命令行方式下使用GCC完成编译、链接,生成可执行文件。

通过文本编译器建立、编译 Sum.c 源代码文件之后，用户可以通过 GCC 来进行编译。使用“gccSum.c-oSum”命令，可直接生成 Sum.c 的可执行文件，使用 Is 命令可知 Sum.c 的可执行文件名为 Sum，无扩展名。

在终端使用“./Sum”命令执行生成的可执行文件 Sum。

四、GDB 基础

GDB 是 GNU 开源组织发布的命令调试器。本节以 Sum 的调试为例来简单介绍 GDB 的使用方法。

GDB 主要有以下几个功能。

(1)启动程序，可以按照自定义要求来运行程序。

(2)在程序中设置断点，程序运行到断点处，程序将暂停。

(3)当程序暂停时，可以打印或监视程序中变量或者表达式，将变量或表达式的值显示出来。

(4)单步调试功能，可以跟踪进入函数和从函数中退出。

(5)运行时修改变量的值，GDB 允许在调试状态下改变变量的值。

(6)动态改变程序的执行环境。

(7)反汇编功能，显示程序的汇编代码。

(一)在 GDB 中调试程序

在上一部分内容中，已使用 GCC 将 Sum.c 文件编译、链接成可执行文件 Sum，只要在 GCC 命令中加入“-g”选项，就可以使用 GDB 对 Sum 文件进行调试。即先使用“gcc Sum.c-o Sum-g”命令编译、链接生成带调试信息的可执行文件 Sum，然后使用“gdb Sum”命令进入调试模式。GDB 调试的常规步骤如下。

(1)启动调试。在终端中输入“gdb Sum”命令，开始 Sum 程序的调试。

(2)设置断点。使用“1/list”命令显示程序，使用“b/breakpoint”命令设置断点，这里使用 b8(或 breakpoints)命令将断点设置到程序的第 8 行“sum＝a＋b;”处。

(3)运行程序。使用“r/run”命令运行程序，程序将会运行到断点的位置暂停。

(4)调试。使用“p/print”命令显示:“sum＝a＋b;”语句执行后各变量的值。

(5)退出 GDB。在调试完程序后，可以使用“q/quit”命令退出 GDB。

(二)GDB 常用命令

在本节调试过程中，使用了部分 GDB 命令，下面仅列出常用的 GDB 的命令，命令间的“/”表示或。

(1)(gdb) run:运行被调试的程序，如果没有设置断点，则执行整个程序；如果设置有断点，则程序暂停在第一个断点处。

(2)(gdb) continue/c:继续执行被调试的程序，运行到下一个断点位置，如果后面没有断点，则程序运行到结束。

(3)(gdb) b/break point function|file:line| * addressi:在指定函数名称处、指定文件的行号处或指定内存地址处设置断点。

(4)(gdb) d/delete breakpoint - number:删除一个以编号表示的断点。

(5)(gdb) p/print variable:打印出变量或者表达式的值。

(6)(gdb) s/step:以逐条指令单步执行的方式运行程序,如果代码中有函数调用,则进入该函数。

(7)(gdb) n/next:以逐条指令单步执行的方式运行程序,如果代码中有函数调用,则执行该函数,但不进入该函数。

(8)(gdb) jump:跳转到任意地址并且从该地址处继续执行,地址可以是行号,也可以是指定的内存地址。

(9)(gdb) 1/list number:列出可执行文件对应源文件的代码,如命令“list1”,表示从第一行开始列出代码,每次按<Enter>键后顺序列出后续代码。

(10)(gdb) q/quit:退出 GDB 调试环境。

(11)(gdb) help:帮助命令,如果使用 help 时没有参数,则提供一个所有可使用的帮助的总列表;如果调用时带命令参数,则提供该参数所表示的命令的帮助信息。

第四节　版本控制工具

软件版本控制工具提供了源代码的管理、提交历史追踪、多分支即多人协同开发的功能。对于个人开发者,版本控制工具可以帮助查看每次代码提交的时间及代码的更改,方便用户回滚到某个历史版本查看代码或者建立新的代码开发分支。对于团队开发者,版本控制工具可以自动合并多人的代码提交,提高了多人协同开发的效率,也可以帮助定位具体代码的修改者和修改内容等。

常用的开源软件版本控制工具有 SVN 和 Git,这两种版本控制工具使用方式比较相似,但是架构区别较大。

SVN 将代码的版本信息集中存放在一个中央仓库内,用户使用 SVN 客户端(如 TortosieSVN)从中央仓库提取代码更新,或者将本地代码更改提交到中央仓库。有个比较大的问题是,当中央仓库代码无法访问时,无法对代码进行提交或者更新等操作。

Git 与 SVN 有所不同,它是分布式版本控制系统。Git 也可以使用共享的远程代码仓库,Git 工具(git 命令)可以将远程代码仓库复制到本地。用户将代码修改提交到本地仓库,与远程代码仓库的交互操作本质上是分支的合并操作,即提交操作是将本地分支合并到远程分支,更新操作是将远程分支合并到本地分支。这样,即使在共享代码仓库无法访问时,也可以将代码暂时提交到本地仓库进行管理。

具体版本控制软件的选择要根据用户自己的需要以及实际的开发环境要求而决定。本节以 Git 为例介绍版本控制工具的功能及使用方法。

一、版本控制工具的功能

版本控制工具提供的基础功能大致相同，比如代码的提交、更新、撤销，代码文件的追踪、对比，版本的历史查看、切换、标签，代码分支的创建、合并等。下面介绍这些功能的具体含义。

（1）代码提交：对代码进行修改后，将代码的更改同步到代码仓库。提交的信息包括代码的修改、提交者信息、提交时间以及提交的注释描述。

（2）代码更新：从代码仓库提取代码，更新到本地。更新的信息包括更新的代码文件列表，以及每个文件的代码修改内容。

（3）代码撤销：对代码文件修改后，可以放弃所做的更改，将代码文件恢复到修改前的状态。

（4）代码文件追踪：将新的代码文件添加到版本控制工具中，以后对该文件的修改都会被版本控制工具追踪。

（5）代码文件对比：将当前的代码文件内容与最新的代码版本内容进行对比，以确认所做的更改，或者对比代码文件的不同历史版本，以确认每次提交记录中代码文件中被修改的内容。

（6）版本历史查看：查看代码文件或目录的所有的提交历史，确认代码文件或目录发生的所有变化。

（7）版本切换：切换代码的某个历史版本，查看历史代码内容，或者在历史版本处创建代码分支。

（8）版本标签：可以为某次的代码提交版本标签，以方便代码版本的切换查看。

（9）代码分支创建：当在某个代码版本出现需要提交不同的代码修改时，可以使用代码分支对代码的内容独立管理，尤其是在需要对某个版本的代码进行新功能开发或调试时，可以创建一个独立于当前代码分支的新的分支。

（10）代码分支合并：将一个分支的代码合并到另一个分支，比如在新的代码分支开发测试完毕新的功能模块后，可以将所有的代码更改同步到主开发分支。

版本控制工具拥有但不限于以上功能，不同的版本控制工具提供了更多的高级功能。当对一个版本控制工具熟悉后，可以尝试这些高级功能，提高代码管理的效率。

二、版本控制工具的使用

Git 起初是由 Linus Torvalds 为帮助 Linux 内核开发者进行代码版本控制而开发的开源软件，目前已经被开源社区普遍作为代码版本控制工具。Git 提供了分布式的代码版本控制，允许每一个开发者拥有完整的代码仓库，解除了传统版本控制工具对中心代码仓库的全局依赖，使得任何一个开发者的本地仓库都可以被其他开发者当作代码仓库使用。另外，Git 的代码分支管理功能允许开发者可以多人协同、多分支并行地对代码进行开发管理。

1. 安装配置 Git

使用 Git 版本控制工具，从 Git 官网（www. git - scm. com）下载不同操作系统的安装包安装即可。对于使用 yum 包管理器的 Linux 系统，使用如下命令安装即可。

```
MYMyum install git
```

安装结束后，使用 Windows 操作系统的 Git Bash 命令行工具或者 Linux 系统中的命令行工具输入如下命令检测 Git 是否正常工作。

```
MYM git -- version
git version 2.3.2(Apple Git - 55)
```

在正式使用 Git 前需要对 Git 的提交用户信息进行配置。

```
MYM git config -- global user. name"My Name"
MYM git config -- global user. email"My Email"
```

2. 初始化 Git 仓库

在工程目录下执行 init 命令初始化 Git 仓库。

```
~/myproject MYM git init
```

该命令会在 myproject 目录下创建一个隐藏的目录“. git”保存 Git 仓库信息。

3. 代码提交

初始化的 Git 仓库没有任何需要提交的内容，新建一个代码文件 Sum. c 后，Git 可以检测到可能需要进行版本控制的文件。

```
~/myproject MYM touch Sum. c
~/myproject MYM git status
On branch master
No commits yet
Untracked files:
  (use "git add <file>..."to include in what will be committed)
      Sum. c
nothing added to commit but untracked files present(use "git add" to track)
将 Sum. c 添加到 git 版本控制。
~/myproject MYM git add Sum. c
~/myproject MYM git status
On branch master
No commits yet
Changes to be committed:
  (use "git rm -- cached <file>..."to unstage)
      new file:   Sum. c
```

Git 检测到 Sum. c 文件是一个新文件，可以将文件提交到仓库。首次提交后，Git 会将当前代码分支命名为 master。commit 命令的"-a"选项表示提交所有的更改,"-m"选项表示提交时带注释。如果不使用该选项,Git 会打开编辑器让提交者输入注释内容。

```
~/myproject MYM git commit -am"create Sum.c"
[master(root-commit)f9f6129] create Sum.c
1 file changed,0 insertions(+),0 deletions(-)
create mode 100644 Sum.c
```

提交结束后,可以查看 Git 仓库的状态。Git 检测到工作区目录没有需要提交的内容。

```
~/myproject MYM git status
On branch master
nothing to commit, working tree clean
```

通过 log 命令查看 Git 提交历史。

```
~/myproject MYM git log
commit f9f612943b37c437e8e3d48ea079ba9545d8c50f
Author:My Name <My Email>
Date:   Tue Jun 5 15:16:17 2018 +0800
create Sum.c
```

Git 的提交记录中,commit 表示提交记录的 ID,Author 为提交者的信息,Date 为提交时间。

如果修改了 Sum.c 文件,Git 会检测到该文件内容的改变。

```
~/myproject MYM cat Sum.c
#include <stuio.h>
void main()
{
    int a,b,sum;
    printf("please input two values a and b:");
scanf("%d%d",&a,&a);
sum=a+b;
    printf("sum=%d\n",sum);
}
```

提交代码的更改后,Git 会检测到 Sum.c 改变的内容,如 Sum.c 文件被添加了 9 行数据。

```
~/myproject MYM git commit -am "Sum code"
[master 7027466] Sum code
1 file changed,9 insertions(+)
```

再次运行 log 命令,可以发现版本历史多了一条记录,并且拥有不同的 commit ID。

```
~/myproject MYM git log
commit 7027466fce09533adbded6636fcf8cea41d48281
Author:My Name <My Email>
Date:   Tue Jun 5 15:25:14 2018 +0800
      Sum code
commit f9f612943b37c437e8e3d48ea079ba9545d8c50f
Author:My Name <My Email>
Date:   Tue Jun 5 15:16:17 2018 +0800
      create Sum. c
```

4. 代码比较

当文件发生改变时，使用 diff 命令可以查看代码发生的变化。

```
~/myproject MYM echo"// new line">>Sum. c
~/myproject MYM git diff
diff -- git a/Sum. c b/Sum. c
index d8d3e33. . 5dfl2d7100644
--- a/Sum. c
+++b/Sum. c
@@-4,3 +4,4 @@ void main()
      printf("sum=%d\n",sum);
}
+// new line
```

对 Sum. c 添加了一行注释后，Git 可以比较出新增行的信息。

如果需要比较任意两个版本的差别，只需要将版本的 commit ID 作为参数即可，版本历史记录的 commit ID 可以进行简写。

```
~/myproject MYM git diff f9f61 70274
diff -- git a/Sum. c b/Sum. c
index e69de29. . d8d3e33 100644
--- a/Sum. c
+++b/Sum. c
@@ -0,0 +1,9@@
+ #include <stuio. h>
+void main()+{
+       in a,b,sum;
+       printf("please input two values a and b:");
+       scanf("%d%d"&a,&a);
+       sum=a+b;
+       printf("sum=%d\n",sum);
+}
```

Git 提供了快捷命令，以方便版本的比较，比如比较当前代码内容与最新版本提交记录的差别。

```
~/myproject MYM git diff HEAD
```

如果比较当前代码内容与上次版本提交记录的差别。

```
~/myproject MYM git diff HEAD~
```

如果比较最新版本提交记录与上次版本提交记录的差别。

```
~/myproject MYM git diff HEAD~HEAD
```

HEAD 是 Git 中比较重要的概念，它是一个指针，默认指向当前代码分支的最新的提交记录。HEAD 后紧跟波浪线表示当前代码分支的倒数第二次提交概率，以此类推。

5. 代码切换

在代码开发中，经常需要回到代码的某个历史状态检查代码，甚至回滚代码到一个历史状态。Git 的 checkout 命令会修改 HEAD 指针的位置，Git 会根据 HEAD 指向的版本记录将代码文件的内容切换到任意一个版本状态。

比如将代码切换到上次提交的版本，Sum. c 文件恢复到刚刚创建的状态。

```
~/myproject MYM git checkout HEAD~
Previous HEAD position was7027466... sum code
HEAD is now atf9f6129... create Sum. c
```

如果需要切换回来，则直接切换到 master 分支即可，此时 Sum. c 代码已还原。

```
~/myproject MYM git checkout master
Previous HEAD position was f9f6129... Sum code
Switched to branch 'master'
```

除了切换到某个历史版本查看代码外，有时候需要将代码的提交信息回滚到某个历史版本，而放弃该版本后的所有提交。使用 reset 命令可以重置代码提交记录。比如放弃代码的最后一次提交，使用如下命令。此时代码回到最后一次提交前的状态，Git 会检测到 Sum. c 被修改。

```
~/myproject MYM git reset -- soft HEAD~
```

如果不仅放弃代码的最后一次提交，而且放弃代码的所有修改内容，使用如下命令。此时代码的内容将被还原到最后一次编辑前的状态。一般尽量避免这样的操作，否则会丢失所有的代码修改。

```
~/myproject MYM git reset -- HARD HEAD~
```

6. 代码文件追踪

Git 中可以自由地对文件进行版本控制。如果需要对文件进行版本控制，使用 add 命令即可。

```
~/myproject MYM git add Sum.c
```

如果需要将文件移出版本控制，使用 rm 命令。

```
~/myproject MYM git rm Sum.c
```

在实际开发过程中，经常在工程目录中出现各种临时文件，如果不希望这些文件被 Git 提示添加到版本控制，可以在工程目录内创建“.gitignore”文件，并在文件内配置被 Git 忽略的文件。

```
~/myproject MYM ls
Sum.c main.o
~/myproject MYM cat.gitignore
*.o
~/myproject MYM git status
On branch master
nothing to commit,working tree clean
```

上述命令中，在“\gitignore”内忽略了该文件本身以及所有以“.o”结尾的文件，这样 Git 就不会提示这些文件需要添加到版本控制了。

7. 代码标签

当代码提交了一个比较重要的版本时，可以为提交的版本打上标签。

```
~/myproject MYM git tag 1.0
~/myproject MYM git tag -1
1.0
```

上述 Git 的 tag 命令为当前版本打上了“1.0”的标签，并可以使用“-1”选项查看所有的标签。

标签和 commit ID 有同样的地位，可以出现在 diff、checkout、reset 等命令中。

8. 代码分支

代码分支是 Git 中比较重要的功能，它使得代码开发可以并行优化。使用 branch 命令可以创建代码分支。

```
~/myproject MYM git branch new
~/myproject MYM git branch
*  master
   new
~/myproject MYM git checkout new
Switched to branch 'new'
```

此处创建了分支 new，由于创建分支是 HEAD 指针指向 master 分支的最新提交，因此分支 new 拥有 master 分支的所有提交记录。

```
~/myproject MYM echo"// new line">>Sum. c
~/myproject MYM git commit - am "add new line"
[new ee74954] add new line
1 file changed,11 insertions(+)
~/myproject MYM git checkout master
Switched to branch 'inaster'
~/myproject MYM git merge new
Updating 7027466. . ee74954
Fast - forward
Sum. c |1+
1 filed changed,1 insertion(+)
```

上述命令中,在分支 new 上,向 Sum. c 添加了一行数据并提交。然后切换到 master 分支,使用 merge 命令将 new 分支上的提交合并到 master 分支。此时可以发现,master 做了 new 分支上的修改。

如果 HEAD 指针指向 master 的某个历史版本,那么执行 branch 命令创建的分支将拥有 master 分支部分的提交。

```
~/myproject MYM git checkout HEAD~
HEAD is now at f9f6129. . . create Sum. c
~/myproject MYM git branch test
~/myproject MYM git checkout test
Switched to branch 'test'
```

添加一行数据到空的 Sum. c 文件,并提交。最后在合并 test 分支到 master 分支时出现合并冲突。

```
~/myproject MYM echo "// test branch">>Sum. c
~/myproject MYM git commit - am "new Sum. c in test branch"
[test 2463fdf] new Sum. c in test branch
1 file changed,1 insertion(+)
~/myproject MYM git merge test
Auto - merging Sum. c
CONFLICT(content):Merge conflict in Sum. c
Automatic merge failed; fix conflicts and then commit the result.
```

打开 Sum. c 文件,可以看到 Git 生成的冲突标志。

```
<<<<<<<HEAD
#include <stuio.h>
void main()
{
    int a,b,sum;
    printf("please input two values a and b:");
    scanf("%d%d",&a,&a);
    sum=a+b;
    printf("sum=%d\n",sum);
}
==========
// test branch
>>>>>>>>test
```

根据冲突标记提示修改 Sum. c 文件，由于合并分支操作希望将 test 分支的 Sum. c 的内容追加到 master 分支的 Sum. c 文件内，因此这里移出分支标记即可。修改完毕后，将修改后的内容提交。

```
~/myproject MYM git commit -am "merge test"
[master e413b69] merge test
```

三、使用 github

前面通过示例介绍了 Git 中常用的命令，但是仅限于本地仓库的管理命令，而并未涉及与远程仓库的交互。github 提供了共有的代码仓库，使用 Git 可以将本地的代码仓库推送到 github。

首先，需要在 www. github. com 上申请注册并登陆，新建一个“Repository”，命名为 myproject。

然后，在本地执行如下命令添加远程仓库地址。

```
MYM git remote add origin https://github.com/MyGitupld/myproject.git
```

最后，使用 push 命令将本地仓库推送到 github。通过以下命令将 master 推送并合并到 origin/master 远程分支。

```
~/myproject MYM git push origin master
Counting objects:12, done.
Delta compressin using up to 4 threads.
Compressing objects:100%(6/6),done.
Writing objects:100%(12/12),927 bytes |0 byte/s,done.
Total 12(delta 2),reused 0(delta 0)
To https://github.com/MyGitupld/myproject.git
 * [new branch] master → master
```

代码推送完成后，访问地址可以看到 github 提供的仓库管理目录。

如果本地仓库意外丢失或者更换开发机器，可以从 github 上直接将仓库复制到本地。

```
~MYM git clone https://github.com/MyGitupld/myproject
Cloning into 'myproject'...
Remote:Counting objects:12,done.
Remote:Compressing objects:100%(4/4),done.
Remote:Total 12(delta 2),reused 12(delta 2),pack - reused 0
Unpacking objects:100%(12/12),done.
Checking connectivity... done.
```

从异地提交到 github 的代码更改可以通过 pull 命令取回到本地仓库中。以下命令用以将 origin/master 远程分支提取并合并到本地分支。

```
~/myproject MYM git push origin master
From https://github.com/MyGitupld/myproject
* branch master→FETCH_HEAD
Updating 7027466..e413b69
Fast - forward
```

第八章　计算机网络

计算机网络是计算机科学技术与通信技术逐步发展、紧密结合的产物，是信息社会的基础设施，是信息交换、资源共享和分布式应用的重要手段。随着信息社会的蓬勃发展和计算机网络技术的不断更新，计算机网络的应用已经渗透到了各行各业乃至千家万户，并且不断改变着人们的思想观念、工作模式和生活方式。一个国家的信息基础设施和网络化程度已成为衡量其现代化水平的重要标志。

第一节　计算机网络的形成与发展

由于计算机网络的飞速发展，它已经成为现代信息社会的基础设施之一。计算机网络被广泛应用于社会日常生活的各个方面，从日常生活中的电子社区、电子商务、网上银行、学校远程教育，到政府日常办公、企业的现代化生产管理，计算机网络无处不在。

一、计算机网络的形成

计算机网络真正的工作始于 20 世纪 60 年代后期，并且只是以传输数字信息为目的。1967 年，美国国防部设立了国防部高级研究计划署(DARPA)，开始资助计算机网络的研究，1969 年建成了连接美国西海岸的 4 所大学和研究所的小规模分组交换网——阿帕(ARPA)网。到 1972 年，该网络发展到具有 34 个接口信息处理机(IMP)的网络。当时，使用的计算机是 PDP-11 小型计算机，使用的通信线路有专用线、无线、卫星等。另外，在该网中首次使用了分组交换和协议分层的概念。1983 年，在 ARPA 网上开发了安装在 UNIX BSD 版上的 TCP/IP，从而使得该网络的应用和规模得到了进一步的扩展。由于使用了用于国际互联的 TCP/IP，ARPA 网也由过去的单一网络发展成为连接多种不同网络的世界上最大的互联网——因特网。

二、计算机网络的发展

随着计算机技术和通信技术的不断发展，计算机网络也经历了从简单到复杂，从单机到多机的发展过程，大致分为以下四个阶段。

1. 第一代计算机网络

第一代计算机网络是面向终端的计算机网络。20 世纪 60 年代，随着集成电路技术的发展，为了实现资源共享和提高计算机的工作效率，出现了面向终端的计算机通信网。在这种方式中，主机是网络的中心和控制者，终端可分布在不同的地理位置并与主机相连，用户通过本地的终端使用远程的主机。这种方式在早期使用的是单机系统，后来为减少主机负载，出现了多机联机系统。

2. 第二代计算机网络

第二代计算机网络是计算机通信网络。在面向终端的计算机网络中，只能在终端和主机之间进行通信，子网之间无法通信。从20世纪60年代中期开始，出现了多个主机互联的系统，可以实现计算机与计算机之间的通信。它由通信子网和用户资源子网（第一代计算机网络）构成，用户通过终端不仅可以共享主机上的软、硬件资源，还可以共享子网中其他主机上的软、硬件资源。到了20世纪70年代初，四个结点的分组交换网——美国国防部高级研究计划署网络（ARPANET）的研制成功标志着计算机通信网络的诞生。

3. 第三代计算机网络

第三代计算机网络是Internet，这是网络互联阶段。到了20世纪70年代，随着微型计算机的出现，局域网诞生了，并以以太网为主进行了推广使用。这与早期诞生的广域网一样，广域网是由于远距离的主机之间需要信息交流而诞生的，而微型计算机的功能越来越强，造价不断下降，使用它的领域不断扩大，近距离的用户（一栋楼、一个办公室等）也需要信息交流和资源共享，因而，广域网诞生了。1974年，IBM公司研制了它的系统网络体系结构，其他公司也相继推出了本公司的网络体系结构。这些不同公司开发的系统体系结构只能连接本公司的设备。为了使不同体系结构的网络相互交换信息，国际标准化组织（International Standards Organization，ISO）于1977年成立了专门机构并制定了世界范围内网络互联的标准，称为开放系统互连参考模型（Open System Interconnection/Reference Model，OSI/RM）。它标志着第三代计算机网络的诞生。OSI/RM已被国际社会广泛地认可和执行，它对推动计算机网络的理论与技术的发展，对统一网络体系结构和协议起到了积极的作用。如今的Internet就是ARPANET逐步演变而来的。ARPANET使用的是TCP/IP，并一直使用到今天。Internet自产生以来就飞速发展，是目前全球规模最大、覆盖面积最广的国际互联网。

4. 第四代计算机网络

第四代计算机网络是千兆位网络。千兆位网络也称为宽带综合业务数字网（B-ISDN），它的传输速率可达1 Gb/s（b/s是网络传输速率的单位，即每秒传输的比特数）。这标志着网络真正步入多媒体通信的信息时代，使计算机网络逐步向信息高速公路的方向发展。万兆位网络目前也在发展之中，并且在许多行业中得到了应用。

5. 计算机网络的发展趋势

网格（Grid）是计算机网络的发展趋势之一。网格是把地理位置上分散的资源集成起来的一种基础设施。通过这种基础设施，用户不需要了解这个基础设施上资源的具体细节就可以使用自己需要的资源。资源包括计算资源、存储资源、通信资源、软件资源、信息资源、知识资源等。网格的资源共享、协同工作能力将改变目前信息系统存在的信息孤岛、资源浪费的局面，使得新一代的信息系统建立在更有效的平台之上。

网格的目标是让网格用户能够容易地访问网格资源。在网格上，用户不需要使用远程登录(Telnet)、文件传送协议(FTP)等网络工具就可以使用远程结点上的信息资源，还可以共享使用网格上的各种计算资源，包括CPU、存储器、数据库、软件等。网格的目标本身不在于规模的大小，而在于共享资源的种类、共享资源的形式、对用户共享资源的要求、共享的透明程度、接口的简单程度等。网格将分布在不同地理位置的计算资源通过互联网和网格软件组成新的计算环境。

第二节　计算机网络的定义与分类

在计算机网络发展的不同阶段，人们对计算机网络的定义和分类也不相同。不同的定义和分类反映着当时网络技术发展的水平以及人们对网络的认识程度。

一、计算机网络的定义及基本特征

随着计算机应用技术的迅速发展，计算机的应用已经逐渐渗透到各类技术领域和整个社会的各个行业。社会信息化的趋势和资源共享的要求，推动了计算机应用技术向着群体化的方向发展，促使当代的计算机技术和通信技术实现紧密的结合。计算机网络就是现代通信技术与计算机技术结合的产物。

目前，计算机网络的应用已远远超过计算机的应用，并使用户真正理解了“计算机就是网络”这一概念的含义。

计算机网络是利用通信线路和通信设备，把分布在不同地理位置的具有独立处理功能的若干台计算机按照一定的控制机制和连接方式互相连接在一起，并在网络软件的支持下实现资源共享的计算机系统。

这里所定义的计算机网络包含四部分内容。

(1)通信线路和通信设备。

1)通信线路是网络连接介质，包括同轴电缆、双绞线、光缆、铜缆、微波和卫星等。

2)通信设备是网络连接设备，包括网关、网桥、集线器、交换机、路由器、调制解调器等。

(2)具有独立处理功能的计算机，包括各种类型计算机、工作站、服务器、数据处理终端设备。

(3)一定的控制机制和连接方式，是指各层网络协议和各类网络的拓扑结构。

(4)网络软件，是指各类网络系统软件和各类网络应用软件。

二、计算机网络的分类

计算机网络有几种不同的分类方法：按通信方式分类，如点对点和广播式；按带宽分类，如窄带网和宽带网；按传输介质分类，如有线网和无线网；按拓扑结构分类，如总线、星形、环形、树形、网状；按地理范围分类，如局域网、城域网和广域网。一般所说的分类常指按地理范围的分类，所以下面介绍按地理范围分类的计算机网络。

(一)局域网

局域网(Local Area Network,LAN)是将较小地理范围内的各种数据通信设备连接在一起,实现资源共享和数据通信的网络(一般在几千米以内)。这个“小范围”可以是一间办公室、一座建筑物或近距离的几座建筑物,如一个工厂或一所学校。局域网具有传输速度快、准确率高的特点。另外,它的设备价格相对较低,建网成本也较低。局域网适合在某一个数据较重要的部门、某一企事业单位内部使用,实现资源共享和数据通信。

(二)城域网

城域网(Metropolitan Area Network,MAN)是一个将距离在几十千米以内的若干个局域网连接起来以实现资源共享和数据通信的网络。它的设计规模一般在一个城市之内。它的传输速度相对局域网低一些。

(三)广域网

广域网(Wide Area Network,WAN)是将距离较远的数据通信设备、局域网、城域网连接起来实现资源共享和数据通信的网络。广域网一般覆盖面较大,一个国家、几个国家,甚至于全球范围,如 Internet 就可以说是最大的广域网。广域网一般利用公用通信网络提供的信息进行数据传输,传输速度相对较低,网络结构较复杂,造价相对较高。

第三节　计算机网络的拓扑结构

尽管 Internet 网络结构非常庞大且复杂,组成复杂庞大网络的基本单元结构却具有一些基本特征和规律。计算机网络拓扑是用来研究网络基本结构和特征规律的。

一、计算机网络拓扑的概念

所谓“拓扑”,就是把实体抽象成与其大小、形状无关的“点”,而把连接实体的线路抽象成“线”,进而以图的形式来表示这些点与线之间关系的方法,其目的在于研究这些点、线之间的相连关系。表示点和线之间关系的图被称为拓扑结构图。拓扑结构与几何结构属于两个不同的数学概念。在几何结构中,我们要考察的是点、线之间的位置关系,或者说几何结构强调的是点与线所构成的形状及大小,如梯形、正方形、平行四边形及圆,都属于不同的几何结构,但从拓扑结构的角度去看,由于点、线间的连接关系相同,从而具有相同的拓扑结构,即环形结构。也就是说,不同的几何结构可能具有相同的拓扑结构。

类似地,在计算机网络中,我们把计算机、终端、通信处理机等设备抽象成点,把连接这些设备的通信线路抽象成线,并将由这些点和线所构成的拓扑称为网络拓扑结构。

二、计算机网络拓扑的分类方法及基本拓扑类别

计算机网络的拓扑结构是计算机网络上各结点(分布在不同地理位置上的计算机设备及其他设备)和通信链路所构成的几何形状。常见的拓扑结构有五种:总线、星形、环形、树

状和网状。

（一）总线拓扑结构

总线拓扑结构采用一条公共线（总线）作为数据传输介质，所有网络上结点都连接在总线上，通过总线在网络上结点之间传输数据。

总线拓扑结构使用广播或传输技术，总线上的所有结点都可以发送数据到总线，数据在总线上传播。在总线上所有其他结点都可以接收总线上的数据，各结点接收数据之后，首先分析总线上的数据的目的地址，然后决定是否真正接收。由于各结点共用一条总线，所以在任一时刻只允许一个结点发送数据，因此，传输数据易出现冲突现象，总线出现故障，将影响整个网络的运行。总线拓扑结构具有结构简单，建网成本低，布线、维护方便，易于扩展等优点。著名的以太网就是典型的总线拓扑结构。

（二）星形拓扑结构

在星形拓扑结构的计算机网络中，网络上每个结点都由一条点到点的链路与中心结点（网络设备，如交换机、集线器等）相连。

在星形结构中，信息的传输是通过中心结点的存储转发技术来实现的。这种结构具有结构简单、便于管理与维护、易于结点扩充等优点；缺点是中心结点负担重，一旦中心结点出现故障，将影响整个网络的运行。

（三）环形拓扑结构

在环形拓扑结构的计算机网络中，网络上各结点都连接在一个闭合环形通信链路上。

在环形结构中，信息的传输沿环的单方向传递，两结点之间仅有唯一的通道。网络上各结点之间没有主次关系，各结点负担均衡，但网络扩充及维护不太方便。如果网络上有一个结点或者是环路出现故障，将可能引起整个网络故障。

（四）树状拓扑结构

树状拓扑结构是星形拓扑结构的发展，在网络中，各结点按一定的层次连接起来，形状像一棵倒置的树，所以称为树状结构。

在树状结构中，顶端的结点称为根结点，它可带若干个分支结点，每个分支结点又可以再带若干个子分支结点。信息的传输可以在每个分支链路上双向传递，网络扩充、故障隔离比较方便。如果根结点出现故障，将影响整个网络运行。

（五）网状拓扑结构

在网状拓扑结构中，网络上的结点连接是不规则的，每个结点可以与任何结点相连，且每个结点可以有多个分支。

在网状结构中，信息可以在任何分支上进行传输，这样可以减少网络阻塞的现象，但由于结构复杂，不易管理和维护。

第四节　计算机网络的体系结构

计算机之间的通信是实现资源共享的基础，相互通信的计算机必须遵守一定的协议。协议是负责在网络上建立通信通道和控制信息流的规则，这些协议依赖于网络体系结构，由硬件和软件协同实现。

一、计算机网络协议概述

1. 网络协议

计算机网络如同一个计算机系统包括硬件系统和软件系统两大部分一样，因此，只有网络设备的硬件部分是不能实现通信工作的，需要有高性能网络软件管理网络，才能发挥计算机网络的功能。计算机网络功能是实现网络系统的资源共享，所以网络上各计算机系统之间要不断进行数据交换，但不同的计算机系统可能使用完全不同的操作系统或采用不同标准的硬件设备等。为了使网络上各个不同的计算机系统能实现相互通信，通信的双方就必须遵守一致的通信规则和约定，如通信过程的同步方式、数据格式、编码方式等。这些为进行网络中数据交换而建立的规则、标准或约定称为协议。

2. 协议的内容

在计算机网络中，任何一种协议都必须解决语法、语义、定时这三个主要问题。

(1)协议的语法：在协议中对通信双方采用的数据格式、编码方式等进行定义，如报文中内容的组织形式、内容的顺序等。

(2)协议的语义：在协议中对通信的内容做出解释，如对于报文，它是由几部分组成、哪些部分用于控制数据、哪些部分是真正的通信内容。

(3)协议的定时：定时也称时序，在协议中对通信内容中先讲什么、后讲什么、讲的速度进行了定义，如通信中采用同步还是异步传输等。

3. 协议的功能

计算机网络协议应具有以下功能。

(1)分割与重组：协议的分割功能，可以将较大的数据单元分割成较小的数据单元，其相反的过程为重组。

(2)寻址：寻址功能使网络上设备彼此识别，同时可以进行路径选择。

(3)封装与拆封：协议的封装功能是在数据单元的始端或者末端增加控制信息，其相反的过程是拆封。

(4)排序：协议的排序功能是指报文发送与接收顺序的控制。

(5)信息流控制：协议的流量控制功能是指在信息流过大时，对流量进行控制，使其符合网络的吞吐能力。

(6)差错控制：差错控制功能使得数据按误码率要求的指标，在通信线路中正确地传输。

(7)同步：协议的同步功能可以保证收发双方在数据传输时保证一致性。

(8)干路传输:协议的干路传输功能可以使多个用户信息共用干路。

(9)连接控制:协议的连接控制功能是可以控制通信实体之间建立和终止链路的过程。

4.协议的种类

协议按其不同的特性可分为以下三种。

(1)标准或非标准协议:标准协议涉及各类的通用环境,而非标准协议只涉及专用环境。

(2)直接或间接协议:设备之间可以通过专线进行连接,也可以通过公用通信网络相连接。当网络设备直接进行通信时,需要一种直接通信协议;而当网络设备之间间接通信时,则需要一种间接通信协议。

(3)整体协议或分层的结构化协议:整体协议是一个协议,也就是一整套规则;分层的结构化协议,分为多个层次实施,这样的协议是由多个层次复合而成的。

二、OSI 参考模型

国际标准化组织(ISO)提出了一个通用的网络通信参考模型 OSI(Open System Interconnection)模型,称为开放系统互联模型,将整个网络系统分成七层,每层各自负责特定的工作,各层都有主要的功能。

(1)OSI 参考模型分层原则:按网络通信功能性质进行分层,性质相似的工作计划分在同一层,每一层所负责的工作范围、层次分得很清楚,彼此不重叠,处理事情时逐层处理,绝不允许越层,功能界限清晰,并且每层向相邻的层提供透明的服务。

(2)各层主要功能。

1)物理层:也称最低层,它提供计算机操作系统和网络线之间的物理连接,规定电缆引线的分配、线上的电压、接口的规格以及物理层以下的物理传输介质等。在这一层传输的数据以比特为单位。

2)数据链路层:数据链路层完成传输数据的打包和拆包的工作。把上一层传来的数据按一定的格式组织,这个工作称为组成数据帧,然后将帧按顺序传出。另外,它主要解决数据帧的破坏、遗失和重复发送等问题,目的是把一条可能出错的物理链路变成让网络层看起来是一条不出差错的理想链路。数据链路层传输的数据以帧为单位。

3)网络层:主要功能是为数据分组进行路由选择,并负责通信子网的流量控制、拥塞控制。要保证发送端传输层所传下来的数据分组能准确无误地传输到目的结点的传输层。网络层传输的数据以数据单元为单位。

一般称以上介绍的三层为通信子网。

4)传输层:主要功能是为会话层提供一个可靠的端到端连接,以使两通信端系统之间透明地传输报文。传输层是计算机网络体系结构中最重要的一层,传输层协议也是最复杂的,其复杂程度取决于网络层所提供的服务类型及上层对传输层的要求。传输层传输的数据以报文为单位。

5)会话层:主要功能是使用传输层提供的可靠的端到端连接,在通信双方应用进程之间建立会话连接,并对会话进行管理和控制,保证会话数据可靠传送。会话层传输的数据以报文为单位。

6)表示层:主要功能是完成被传输数据的表示工作,包括数据格式、数据转化、数据加密和数据压缩等语法变换服务。表示层传输的数据以报文为单位。

7)应用层:它是 OSI 参考模型中的最高层,功能与计算机应用系统所要求的网络服务目的有关。通常是为应用系统提供访问 OSI 环境的接口和服务,常见的应用层服务如信息浏览、虚拟终端、文件传输、远程登录、电子邮件等。应用层传输的数据以报文为单位。

一般称第五至第七层为资源子网。

(3)在 OSI 模型中数据的传输方式。在 OSI 模型中,通信双方的数据传输是由发送端应用层开始向下逐层传输,并在每层增加一些控制信息,可以理解为每层对信息加一层信封,到达最低层,源数据加了七层信封;再通过网络传输介质,传送到接收端的最低层,再由下向上逐层传输,并在每层去掉一个信封,直到接收端的最高层,数据还原成原始状态为止。

另外,当通信双方进行数据传输时,实际上是对等层在使用相应的规定进行沟通。这里使用的规定称为协议,它是在不同终端相同层中实施的规则。如果在同一终端不同层中,则称为接口或服务访问点。

三、TCP/IP 参考模型

由于 TCP/IP 参考模型与 OSI 参考模型设计的出发点不同,OSI 是为国际标准而设计的,因此考虑因素多、协议复杂、产品推出较为缓慢;而 TCP/IP 起初是为军用网设计的,将异构网的互联、可用性、安全性等特殊要求作为考虑重点,因此,TCP/IP 参考模型分为四层:网络接口层、互联层、传输层和应用层,如表 8-1 所示。

表 8-1　TCP/IP 参考模型

TCP/IP 中的层	TCP/IP 协议簇
应用层	Telenet、FTP、SMTP、DNS
传输层	TCP 协议、UDP 协议
互联层	IP 协议
网络接口层	局域网、无线网、卫星网、X25

(一)TCP/IP 中各层功能

1. 网络接口层

网络接口层是 Internet 协议的最低层,它与 OSI 的数据链路及物理层相对应。这一层的协议标准也很多,包括各种逻辑链路控制和媒体访问协议,如各种局域网协议、广域网协议等任何可用于 IP 数据报文交换的分组传输协议。网络接口层的作用是接收互联层传来的 IP 数据报;或从网络传输介质接收物理帧,将 IP 数据报传给互联层。

2. 互联层

互联层与 OSI 的网络层相对应,是网络互联的基础,提供无连接的分组交换服务。互联层的作用是将传输层传来的分组装入 IP 数据报，选择去往目的主机的路由，再将数据报发送到网络接口层；或从网络接口层接收数据报，先检查其合理性，然后进行寻址，若该数据报是发送给本机的，则接收并处理后，传送给传输层，如果不是发送给本机的，则转发该数据报。另外，互联层还有对差错、控制报文、流量控制等功能。

3. 传输层

传输层与 OSI 的传输层相对应。传输层的作用是提供通信双方的主机之间端到端的数据传送，在对等实体之间建立用于会话的连接。它管理信息流，提供可靠的传输服务，以确保数据可靠地按顺序到达。传输层包括传输控制协议（TCP）和用户数据报协议（UDP）两个协议，这两个协议分别对应不同的传输机制。

4. 应用层

应用层与 OSI 中的会话层、表示层和应用层相对应。应用层向用户提供一组常用的应用层协议，提供用户调用应用程序访问 TCP/IP 互联网络的各种服务。常见的应用层协议包括网络终端协议 Telnet、文件传送协议（FTP）、简单邮件传送协议（SMTP）、域名服务（DNS）和超文本传送协议（HTTP）。

（二）Internet 协议应用

网络协议是计算机系统之间通信的各种规则，只有双方按照同样的协议通信，把本地计算机的信息发出去，对方才能接收。因此，每台计算机上都必须安装执行协议的软件。协议是网络正常工作的保证，所以针对网络中不同的问题制定了不同的协议。常用的协议包括以下几类。

1. Internet 网络协议

（1）传输控制协议（TCP）：负责数据端到端的传输，是一个可靠的、面向连接的协议，保证源主机上的字节准确无误地传递到目的主机。为了保证数据可靠传输，TCP 对从应用层传来的数据进行监控管理，提供重发机制，并且进行流量控制，使发送方以接收方能够接收的速度发送报文，不会超过接收方所能处理的报文数。

（2）互联网协议（IP）：提供无连接的数据报服务，负责基本数据单元的传送，规定了通过 TCP/IP 的数据的确切格式，为传输的数据进行路径选择、确定如何分组及数据差错控制等。IP 是在互联层，实际上，在这一层配合 IP 的协议还有在 IP 之上的互联网控制报文协议（ICMP）、在 IP 之下的正向地址解析协议（ARP）和反向地址解析协议（RARP）。

（3）用户数据报协议（UDP）：提供不可靠的无连接的数据报传递服务，没有重发和记错功能。因此，UDP 适用于那些不需要 TCP 的顺序与流量控制而希望自己对此加以处理的应用程序。例如，在语言和视频应用中需要传输准同步数据，这时用 UDP 传输数据，如果使用有重发机制的 TCP 来传输数据，就会使某些音频或视频信号延时较长，这时即使这段音频或视频信号再准确也毫无意义。在这种情况下，数据的快速到达比数据的准确性更重要。

2. Internet 应用协议

(1)网络终端协议(Telnet):实现互联网中远程登录功能。

(2)文件传送协议(FTP):实现互联网中交互式文件传输功能。

(3)简单邮件传送协议(SMTP):实现互联网中的电子邮件传输功能。

(4)域名服务(DNS):实现网络设备的名字到 IP 地址映射的网络服务。

(5)路由信息协议(RIP):具有网络设备之间交换路由信息功能。

(6)超文本传送协议(HTTP):用于 WWW 服务,可传输多媒体信息。

(7)互联网数据包交换协议(NFS):用于网络中不同主机间的文件共享。

3. 其他协议

(1)面向数据报协议(IPX):局域网 NetWare 的文件重定向模块的基础协议。

(2)连接协议(SPX):会话层的面向连接的协议。

四、Internet 地址

在局域网中,各台终端上的网络适配器即网卡都有一个地址,称为网卡物理地址或 MAC 地址。它是全球唯一的地址,每一块网卡上的地址与其他任何一块网卡上的地址都不相同。而在 Internet 上的主机,每一台主机也都有一个与其他任何主机不重复的地址,称为 IP 地址。IP 地址与 MAC 地址之间没有必然的联系。

(一)IP 地址

每个 IP 地址用 32 位二进制数表示,通常被分割为 4 个 8 位二进制数,即 4 个字节(IPv4 协议中),如 11001011. 01100010. 01100001. 10001111。为了记忆,实际使用 IP 地址时,将二进制数用十进制数来表示,每 8 位二进制数用一个 0～255 的十进制数表示,且每个数之间用小数点分开,如上面的 IP 地址可以用 203. 98. 97. 143 表示网络中某台主机的 IP 地址。计算机系统可以很容易地将用户提供的十进制地址转换成对应的二进制 IP 地址,以识别网络上的互联设备。

(二)域名

由于人们更习惯用字符型名称来识别网络上的互联设备,所以通常用字符给网上设备命名,这个名称由许多域组成,域与域之间用小数点分开。例如,哈尔滨商业大学校园网域名为:www. hrbcu. edu. cn,这是该大学的 www 主机的域名。在这个域名中从右至左越来越具体,最右端的域为顶级域名 cn,表示中国;edu 是二级域名,表示教育机构;hrbcu 是用户名;www 是主机名。又如,www. tsinghua. edu. cn 是清华大学校园网 www 主机的域名。这两个域名主机名的后两个域名都相同,但用户名不同,就代表 Internet 上的两台不同的主机。在 Internet 上,域名或 IP 地址一样,都是唯一的,只不过表示方式不同。在使用域名查找网上设备时,需要有一个翻译将域名翻译成 IP 地址,这个翻译由域名服务系统(DNS)来承担,它可以根据输入的域名来查找相对的 1P 地址,如果在本服务系统中没有找到,再到其他服务系统中去查找。

每个国家和地区在顶级域名后还必须有一个用于识别的域名，用标准化的两个字母表示国家和地区的名字，即顶级域名，如中国用 cn，中国香港用 hk 等。常用的二级域名有：edu 表示教育机构，com 表示商业机构，mil 表示军事部门，gov 表示政府机构，org 表示其他机构。

(三)IP 地址的分类

IP 地址分为五类，分别为 A 类、B 类、C 类、D 类和 E 类。其中，A、B、C 三类地址是主类地址，D、E 类地址是次类地址。

1. IP 地址的格式

IP 地址的格式由类别、网络地址和主机地址三部分组成。

2. IP 地址的分类

按 IP 地址的格式将 IP 地址分为五类。例如，A 类地址类别号为 0，第一字节中剩余的 7 位表示网络地址，后三个字节用来表示主机地址。一般，全 0 的 IP 地址不使用，有特殊用途。

第五节　计算机网络的传输介质

网络传输介质是网络中传输数据、连接各网络结点的实体。在局域网中，常见的网络传输介质有双绞线、同轴电缆和光纤。其中，双绞线是经常使用的传输介质，它一般用于星形网络中；同轴电缆一般用于总线网络；光纤一般用于主干网的连接。

一、双绞线

双绞线是由两条相互绝缘的导线按照一定的规格互相缠绕（一般以顺时针缠绕）在一起而制成的一种通用配线，属于信息通信网络传输介质。双绞线过去主要是用来传输模拟信号的，但现在同样适用于数字信号的传输。把两根绝缘的铜导线按一定规格互相绞在一起，可降低信号干扰的程度，每一根导线在传输中辐射的电波会被另一根线上发出的电波抵消。其中，外皮所包的导线两两相绞，形成双绞线对。根据有无屏蔽层，双绞线分为屏蔽双绞线(Shielded Twisted Pair，STP)与非屏蔽双绞线(Unshielded Twisted Pair，UTP)。

屏蔽双绞线在双绞线与外层绝缘封套之间有一个金属屏蔽层。屏蔽双绞线分为 STP 和 FTP(Foil Twisted - Pair)，STP 指每条线都有各自的屏蔽层，而 FTP 只在整个电缆有屏蔽装置，并且两端都正确接地时才起作用。因此，要求整个系统是屏蔽器件，包括电缆、信息点、水晶头和配线架等，同时建筑物需要有良好的接地系统。屏蔽层可减少辐射，防止信息被窃听，也可阻止外部电磁干扰的进入，使屏蔽双绞线比同类的非屏蔽双绞线具有更高的传输速率。

非屏蔽双绞线是一种数据传输线，由四对不同颜色的传输线所组成，广泛用于以太网络和电话线中。非屏蔽双绞线电缆具有以下优点：①无屏蔽外套，直径小，节省所占用的空间，成本低；②质量轻，易弯曲，易安装；③将串扰减至最小或加以消除；④具有阻燃性；⑤具有独立性和灵活性，适用于结构化综合布线。因此，在综合布线系统中，非屏蔽双绞线得到了广泛应用。

双绞线标准如下所述。

(1)三类：最高频率为 16 MHz，最高传输速率为 10 Mb/s，电话多用，目前已淡出市场。

(2)四类：最高频率为 20 MHz，最高传输速率为 16 Mb/s，未被广泛采用。

(3)五类：最高频率带宽为 100 MHz，最高传输速率为 100 Mb/s，是常用的以太网电缆。

(4)超五类：最高频率带宽为 155 MHz，最高传输速率为 100 Mb/s，是常用的以太网电缆，推荐用于 1 000 M 网络中。

(5)六类：最高频率带宽为 250 MHz，最高传输速率为 1 000 Mb/s。

(6)超六类：最高频率带宽为 255 MHz，最高传输速率为 1 000 Mb/s，增加十字架。

(7)七类：最高频率为 600 MHz，最高传输速率为 10 Gb/s。

(8)八类：Siemon 公司已宣布开发出八类线。

二、同轴电缆

同轴电缆是一种电线及信号传输线，一般是由四层物料构成：最内里是一条导电铜线，线的外面有一层塑胶(作绝缘体、电介质用)围拢，绝缘体外面又有一层薄的网状导电体(一般为铜或合金)，导电体外面是最外层的绝缘物料作为外皮。

同轴电缆分为细缆(RG－58)和粗缆(RG－11)两种。细缆的直径为 0.26 cm，最大传输距离为 185 m，使用时与 50 Ω 终端电阻、T 型连接器、BNC 接头与网卡相连，线材价格和连接头成本都比较便宜，而且不需要购置集线器等设备，十分适合架设终端设备较为集中的小型以太网络。缆线总长不要超过 185 m，否则信号将严重衰减。细缆的阻抗是 50 Ω。粗缆的直径为 1.27 cm，最大传输距离达到 500 m。由于直径相当大，因此它的弹性较差，不适合在室内狭窄的环境内架设，而且 RG－11 连接头的制作方式也相对复杂，并不能直接与电脑连接，它需要通过一个转接器转成 AUI 接头，然后再接到电脑上。由于粗缆的强度较强，最大传输距离也比细缆长，因此粗缆的主要用途是扮演网络主干的角色，用来连接数个由细缆所结成的网络。粗缆的阻抗是 75 Ω。

三、光纤

光纤由纤芯和硅石覆层构成。纤芯是氧化硅和其他元素组成的石英玻璃，用来传输光射线。硅石覆层的主要成分也是氧化硅，但是其折射率要小于纤芯。

光纤传输是根据光学的全反射定律。当光线从折射率高的纤芯射向折射率低的覆层的时候，其折射角大于入射角。如果入射角足够大，就会出现全反射，即光线碰到覆层时就会折射回纤芯。这个过程不断重复下去，光也就沿着光纤传输下去了。

现代的生产工艺可以制造出超低损耗的光纤，光可以在光纤中传输数千米而基本上没有损耗。甚至在布线施工中，可以在距离几十楼层的地方用手电筒的光肉眼来测试光纤的布放情况，或分辨光纤的线序(注意，切不可在光发射器工作的时候用这样的方法，激光光源的发射器会损坏眼睛)。

由全反射原理可以知道，光发射器的光必须在某个角度范围内才能在纤芯中产生全反射，纤芯越粗，这个角度范围就越大。当纤芯的直径减小到只有一个光的波长时，则光的入射角度就只有一个，而不是一个范围。

可以存在多条不同的入射角度的光纤，不同入射角度的光线会沿着不同折射线路传输。这些折射线路被称为“模”。如果光纤的直径足够大，以至有多个入射角形成多条折射线路，这种光纤就是多模光纤。

单模光纤的直径非常小，只有一个光的波长。因此，单模光纤只有一个入射角度，光纤中只有一条光线路。

(1)单模光纤的特点。

1)纤芯直径小，只有 5～8 μm。

2)几乎没有散射。

3)适合远距离传输。标准距离达 3 km，非标准传输可以达几十千米。

4)使用激光光源。

(2)多模光纤的特点。

1)纤芯直径比单模光纤大，有 50～62.5 μm，或更大。

2)散射比单模光纤大，因此有信号的损失。

3)适合远距离传输，但是比单模光纤小，标准距离为 2 km。

4)使用 LED 光源。

我们可以简单地记忆为：多模光纤纤芯的直径要比单模光纤约大 10 倍。多模光纤使用发光二极管作为发射光源，而单模光纤使用激光光源。我们通常看到用 50/125 或 62.5/125 表示的光缆就是多模光纤，而如果在光缆外套上印刷有 9/125 的字样，即说明是单模光纤。

在光纤通信中，常用的 3 个波长是 850 nm、1 310 nm 和 1 550 nm。这些波长都跨红色可见光和红外光。后两种频率的光，在光纤中的衰减比较小。850 nm 的波段的衰减比较大，但在此波段的光波其他特性比较好，因此也被广泛使用。

单模光纤使用 1 310 nm 和 1 550 nm 的激光光源，在长距离的远程连接局域网中使用。多模光纤使用 850 nm、1 310 nm 的发光二极管 LED 光源，被广泛地使用在局域网中。

四、无线通信

与有线传输相比，无线传输具有许多优点，最重要的是，它更灵活。无线信号可以从一个发射器发出到许多接收器而不需要电缆。

在无线通信中，频谱包括 9 kHz～300 000 GHz 之间的频率。每一种无线服务都与某一个无线频谱区域相关联。无线信号也是源于沿着导体传输的电流。电子信号从发射器到达天线，然后天线将信号作为一系列电磁波发射到空气中，信号通过空气传播，直到到达目标位置为止。在目标位置，另一个天线接收信号，接收器将它转换回电流。接收和发送信号都需要天线，天线分为全向天线和定向天线。在信号的传播中由于反射、衍射和散射的影响，无线信号会沿着许多不同的路径到达其目的地，形成多径信号。

无线通信是利用电波信号可以在自由空间中传播的特性进行信息交换的一种通信方式，在移动中实现的无线通信又统称为移动通信，人们把二者合称为无线移动通信。简单讲，无线通信是仅利用电磁波而不通过线缆进行的通信方式。

所有无线信号都是随电磁波通过空气传输的，电磁波是由电子部分和能量部分组成的能量波，例如声音和光。无线频谱（也就是说，用于广播、蜂窝电话以及卫星传输的波）中的波是不可见也不可听的——至少在接收器进行解码之前是这样的。

无线频谱是所有电磁波谱的一个子集。在自然界中还存在频率更高或者更低的电磁波，但是它们没有用于远程通信。低于 9 kHz 的频率用于专门的应用，如野生动物跟踪或车库门开关。频率高于 300 000 GHz 的电磁波对人类来说是可见的，正是由于这个原因，它们不能用于通过空气进行通信。例如，我们将频率为 428 570 GHz 的电磁波识别为红色。

当然，通过空气传播的信号不一定会保留在一个国家内。因此，全世界的国家就无线远程通信标准达成协议是非常重要的。国际电信联盟（ITU）作为管理机构，确定了国际无线服务的标准，包括频率分配、无线电设备使用的信号传输和协议、无线传输及接收设备、卫星轨道等。如果政府和公司不遵守 ITU 标准，那么在制造无线设备的国家之外就可能无法使用它们。

在理想情况下，无线信号直接在从发射器到预期接收器的一条直线中传播。这种传播被称为“视线”（Line of Sight，LOS），它使用很少的能量，可以接收非常清晰的信号。不过，因为空气是无制导介质，而发射器与接收器之间的路径并不是很清晰，所以无线信号通常不会沿着一条直线传播。当一个障碍物挡住了信号的路线时，信号可能会绕过该物体、被该物体吸收，也可能发生以下任何一种现象：发射、衍射或者散射。物体的几何形状决定了将发生这三种现象中的哪一种。

1. 反射、衍射和散射

无线信号传输中的“反射”与其他电磁波（如光或声音）的反射没有什么不同。波遇到一个障碍物反射或者弹回到其来源。对于尺寸大于信号平均波长的物体，无线信号将会弹回。例如微波炉，因为微波的平均波长小于 1 mm，所以一旦发出微波，它们就会在微波炉的内壁（通常至少有 15 cm 长）上反射。究竟哪些物体会导致无线信号反射，取决于信号的波长。在无线 LAN 中，可能使用波长在 1～10 m 之间的信号，因此这些物体包括墙壁、地板、天花板及地面。

在“衍射”中，无线信号在遇到一个障碍物时将分解为次级波。次级波继续在它们分解的方向上传播。如果能够看到衍射的无线电信号，则会发现它们在障碍物周围弯曲。带有锐边的物体(包括墙壁和桌子的角)会导致衍射。

"散射"就是信号在许多不同方向上扩散或反射。散射发生在一个无线信号遇到尺寸比信号的波长更小的物体时。散射还与无线信号遇到的表面的粗糙度有关,表面越粗糙,信号在遇到该表面时就越容易散射。在户外,树木或路标都会导致移动电话信号的散射。另外,环境状况(如雾、雨、雪)也可能导致反射、散射和衍射。

2. 多路径信号

由于反射、衍射和散射的影响,无线信号会沿着许多不同的路径到达其目的地。这样的信号被称为"多路径信号"。多路径信号的产生并不取决于信号是如何发出的。它们可能从来源开始在许多方向上以相同的辐射强度,也可能从来源开始主要在一个方向上辐射。不过,一旦发出了信号,由于反射、衍射和散射的影响,它们就将沿着许多路径传播。

无线信号的多路径性质既是一个优点又是一个缺点。一方面,因为信号在障碍物上反射,所以它们更可能到达目的地。在办公楼这样的环境中,无线服务依赖于信号在墙壁、天花板、地板以及家具上的反射,这样最终才能到达目的地。另一方面,多路径信号传输的缺点是因为它的不同路径,导致多路径信号在发射器与接收器之间的不同距离上传播。因此,同一个信号的多个实例将在不同的时间到达接收器,导致衰落和延时。

第六节 计算机网络的连接设备

随着网络规模的不断扩大,网络带宽不堪重负,局域网最初的设计也将不能满足需要。因此,需要实现网络的互联。网络互连就是将多个独立的网络,通过一定的方法,用一种或多种通信处理设备互相连接起来,以构成更大的网络系统,便于访问远程资源和分布控制。

一、网卡

网络接口卡(NIC)又称为网络适配器(Network Adapter,NA),简称网卡。网卡用于实现联网计算机和网络电缆之间的物理连接,为计算机之间相互通信提供一条物理通道,并通过这条通道进行高速数据传输。在局域网中,每一台联网计算机都需要安装一块或多块网卡,通过介质连接器将计算机接入网络电缆系统。网卡完成物理层和数据链路层的大部分功能。

1. 网卡的分类

根据不同的分类标准,网卡可以分为不同的种类。

(1)按网络类型分,常用的网卡为以太网卡,其他的类型包括令牌环网卡、FDDI 网卡、无线网卡等。

(2)按传输速率分,常用的网卡有两种:10 M 网卡和 10/100 M 自适应网卡。它们价格便宜,比较适合于一般用户,10/100 M 自适应网卡在各方面都要优于 10 M 网卡。千兆(1 000 M)网卡主要用于高速的服务器。

(3)按总线类型分，最常用的网卡接口类型为 PCI 接口；PCMCIA 网卡适用于笔记本电脑；USB 接口网卡用于外置式网卡；其他接口的网卡基本上已经被淘汰。

2. 连接线接口类型

(1)RJ - 45 接口适用于 10Base - T 双绞线以太网的接口类型，通过双绞线与集线器或交换机上的 RJ - 45 接口相连。

(2)BNC 接口适用于 10Base - 2 细同轴电缆以太网的接口类型，通过 T 形头与细同轴电缆相连。

(3)AUI 接口适用于 10Base - 5 粗同轴电缆以太网的接口类型，通过收发器与粗同轴电缆相连。

3. 网卡的选购

在购买网卡时，要从网络类型、网络速度、总线类型、接口等方面考虑，以使其能够适应用户所组建的网络。否则，很有可能造成网络缓慢，甚至不能使用。例如，目前基于 Pentium4 主板的计算机一般不再提供 ISA 接口，所以最好选择 PCI 接口的网卡。另外，选择网卡时，必须考虑网络的实际应用性和可扩展性，所以应当选择 10/100 M 自适应网卡。

4. 网卡的安装

要实现网络的组建，一个前提条件是必须在所要组建网络的计算机上安装上网卡及其驱动程序，并且针对不同的网络还需要添加不同的协议。

在常用的 PC(操作系统为 Windows XP)上安装 PCI 接口网卡，操作步骤如下。

(1)关闭主机电源，拔下电源插头，打开机箱。

(2)将网卡对准空闲的 PCI 插槽，注意，有输出接口的一侧面向机箱后侧，适当用力平稳地将网卡向下压入插槽中。

(3)完成网卡硬件安装后，还需要安装相应的设备驱动程序，这样才能实现接收和发送信息。

硬件安装完成并开启计算机后，Windows 能够自动检测到网卡的存在，将出现找到新硬件设备的画面，此时可按提示进行安装(注：如果用户使用的是 Windows XP 系统，则系统一般能够自动进行安装，不需要用户手动安装)；如果 Windows 未能自动检测到网卡并安装驱动程序，用户可以利用“控制面板”中的工具来手动安装网卡驱动程序，操作方法是：双击“控制面板”中的“添加新硬件”选项，启动“添加新硬件”向导来完成网卡驱动程序的安装。

二、集线器

局域网中站点，可以通过传输介质与集线器相连，从而组成星形局域网。集线器(Hub)主要用于共享网络的组建，是解决从服务器直接到桌面的最佳、最经济的方案。

集线器是一个共享设备，其实质是一个多端口的中继器，可以对接收到的信号进行再生放大，以扩大网络的传输距离。集线器不具备自动寻址能力，所有的数据均被传送到与之相连的各个端口，容易形成数据堵塞。因此，当网络较大时，应该考虑采用交换机来代替集线器。

根据不同的分类标准，集线器可以分为不同的种类。

(1)按带宽分，集线器可分为三种：10 M 集线器、100 M 集线器和 10/100 M 自适应集线器。10 M 集线器中的所有端口只能提供 10 Mb/s 的带宽；100 M 集线器中的所有端口只能提供 100 Mb/s 的带宽；10/100 M 自适应集线器的所有端口可以在 10 M 和 100 M 之间进行切换，每个端口都能自动判断与之相连接的设备所能提供的连接速率，并自动调整到与之相适应的最高速率。

(2)按管理方式分，集线器可分为两种：智能型集线器和非智能型集线器。非智能型集线器不可管理，属于低端产品；智能型集线器是指能够通过 SNMP 协议对集线器进行简单管理的集线器，比如启用和关闭某些端口等。这种管理大多是通过增加网管模块来实现的。

(3)按扩展方式分，集线器可分为两种：堆叠式集线器和级联式集线器。堆叠式集线器使用专门的连接线，通过专用的端口将若干集线器堆叠在一起，从而将堆叠中的几个集线器视为一个集线器来使用和管理；级联式集线器使用可级联的端口（此端口上常标有 Uplink 或 MDI 字样）与其他的集线器进行级联（如果没有提供专门的端口，在进行级联时，连接两个集线器的双绞线在制作时必须要进行错线）。

(4)按尺寸分，集线器可分为两种：机架式集线器和桌面式集线器。机架式集线器是指几何尺寸符合工业规范，可以安装在 19 in(1 in＝2. 54 cm)机柜中的集线器，该类集线器以 8 口、16 口和 24 口的设备为主流。由于集线器统一放置在机柜中，既方便集线器间的连接或堆叠，又方便对集线器的管理；桌面式集线器是指几何尺寸不符合 19 in 工业规范、不能够安装在机柜中、只能直接置放于桌面的集线器，该类集线器大多遵循 8～16 口规范，也有个别 4～5 口的产品，仅适用于只有几台计算机的超小型网络。

三、交换机

交换机（Switch）也叫交换式集线器，是局域网中的一种重要设备。它可将用户收到的数据报根据目的地址转发到相应的端口。它与一般集线器的不同之处是：集线器是将数据转发到所有的集线器端口，即同一网段的计算机共享固有的带宽，传输通过碰撞检测进行，同一网段计算机越多，传输碰撞也越多，传输速率会变慢；交换机则具备自动寻址能力，只需将数据转发到目的端口，所以每个端口为固定带宽，传输速率不受计算机台数增加的影响，具有更好的性能。

由于交换机使用现有的电缆和工作站的网卡相连，不需要硬件升级，而且交换机对工作站是透明的，易于管理，所以可以很方便地增加或移动网络结点。目前，在需要高性能的网络中，交换机逐渐取代了集线器。

（一）交换机的分类

根据不同的分类标准，交换机可以分为不同的种类，常见的分类方法如下所述。

1. 按网络类型分类

局域网交换机根据使用的网络技术可分为以太网交换机、令牌环交换机、FDDI 交换机、ATM 交换机、快速以太网交换机等。

2. 按应用领域分类

交换机按应用领域可分为台式交换机、工作组交换机、主干交换机、企业交换机、分段交换机、端口交换机、网络交换机等。

3. 按应用规模分类

交换机根据应用规模可分为工作组交换机、部门级交换机和企业级交换机。工作组交换机是传统集线器的理想替代产品，一般为固定配置，配有一定数目的 10Base - T 或 10/100Base - TX 以太网口；部门级交换机属于中端交换机，可以是固定配置，也可以是模块配置，一般有光纤接口，具有智能型特点，便于灵活配置管理；企业级交换机属于高端交换机，它采用模块化的结构，可作为网络骨干来构建高速局域网。

4. 按 OSI 分层结构分类

交换机根据其工作的 OSI 层可分为二层交换机、三层交换机和多层交换机等。二层交换机是工作在 OSI 参考模型的第二层（数据链路层）上的交换机，主要功能包括物理编址、错误校验、帧序列及流控制；三层交换机工作在 OSI 参考模型的第三层（网络层），是一个具有三层交换功能的设备，即带有第三层路由功能的第二层交换机；多层交换机工作在 OSI 参考模型的第四层以上，是对第三层和第二层交换的扩展，提供基于策略的路由功能，能够支持更细粒度的网络调整，以及对通信流的优先权划分，从而实现服务质量（Quality of Service，QoS）控制。

5. 根据架构特点分类

交换机根据架构特点可分为机架式、带扩展槽固定配置式、不带扩展槽固定配置式。机架式交换机是一种插槽式的交换机，这种交换机扩展性较好，可支持不同的网络类型，它应用于高端的交换机；带扩展槽固定配置式交换机是一种有固定端口数并带少量扩展槽的交换机，这种交换机在支持固定端口类型网络的基础上，还可以通过扩展其他网络类型模块来支持其他类型网络；不带扩展槽固定配置式交换机仅支持一种类型的网络（一般是以太网），可应用于小型企业或办公室环境下的局域网，应用很广泛。

（二）交换机的选购

局域网交换机是组成网络系统的核心设备。对用户而言，局域网交换机最主要的指标是端口的配置、数据交换能力、包交换速度等因素。因此，在选择交换机时要注意：交换端口的数量和类型，交换机总交换能力和系统的扩充能力，网络管理能力等。

四、路由器

路由器(Router,又称路径器)是一种电信网络设备,提供路由与转送两种重要机制,可以决定数据包从来源端到目的端所经过的路由路径(host 到 host 之间的传输路径),这个过程称为路由。将路由器输入端的数据包移送至适当的路由器输出端(在路由器内部进行),称为转送。路由工作在 OSI 模型的第三层——网络层,例如网际协议(IP)。

路由器就是连接两个以上个别网络的设备。由于位于两个或更多个网络的交会处,从而可在它们之间传递分组(一种数据的组织形式)。路由器与交换机在概念上有一定重叠但也有不同:交换机泛指工作于任何网络层次的数据中继设备(尽管多指网桥),而路由器则更专注于网络层。

路由器与交换机的差别:路由器是属于 OSI 第三层的产品,交换机是 OSI 第二层的产品。第二层的产品功能在于,将网络上各个电脑的 MAC 地址记在 MAC 地址表中,当局域网中的电脑要经过交换机去交换传递数据时,就查询交换机上的 MAC 地址表中的信息,将数据包发送给指定的电脑,而不会像第一层的产品(如集线器),每台在网络中的电脑都发送。路由器除了有交换机的功能外,更拥有路由表作为发送数据包时的依据,在有多种选择的路径中选择最佳的路径。此外,路由器可以连接两个以上不同网段的网络,而交换机只能连接两个同时具有 IP 分享功能的网络,如:区分哪些数据包是要发送至 WAN 的。

第七节　计算机网络的常用服务

一、WWW 服务

WWW(World Wide Web)的含义是“环球网”,俗称万维网、3W、Web。它是由欧洲核子研究组织(CERN)研制的基于 Internet 的信息服务系统。WWW 以超文本技术为基础,用面向文件的阅览方式替代通常的菜单的列表方式,提供具有一定格式的文本、图形、声音、动画等。通过将位于 Internet 上不同地点的相关数据信息有机地编织在一起,WWW 提供一种友好的信息查询接口,用户仅需提出查询要求,而到什么地方查询及如何查询则由 WWW 自动完成。因此,WWW 带来的是世界范围的超级文本服务,只要操纵计算机的鼠标,就可以通过 Internet 从全世界任何地方调来用户所希望得到的文本、图像(活动影像)和声音等信息。

WWW 是建立在客户机/服务器模型之上的。WWW 是以超文本标记语言(HTML)与超文本传送协议(HTTP)为基础,能够提供面向 Internet 服务的、一致的用户界面的信息浏览系统。其中 WWW 服务器采用超文本链路来链接信息页,这些信息页既可放置在同一主机上,也可放置在不同地理位置的主机上;超文本链路由统一资源定位器(URL)维持,WWW 客户端软件(即 WWW 浏览器)负责信息显示与向服务器发送请求。

Internet 采用超文本和超媒体的信息组织方式,将信息的链接扩展到整个 Internet 上。

目前，用户利用WWW不仅能访问到Web Server的信息，而且可以访问到FTP、Telnet等网络服务。因此，它已经成为Internet上应用最广和最有前途的访问工具，并在商业范围内日益发挥着越来越重要的作用。

WWW客户程序在Internet上被称为WWW浏览器(Browser)，它是用来浏览Internet上WWW主页的软件。目前，流行的浏览器软件主要有360安全浏览器、Google Chrome、Microsoft Internet Explorer和Mozilla Firefox。

WWW浏览器不仅为用户打开了寻找Internet上内容丰富、形式多样的主页信息资源的便捷途径，而且提供了Usenet新闻组、电子邮件与FTP等功能强大的通信手段。

二、电子邮件服务

电子邮件(E-mail)是Internet上的重要信息服务方式。普通邮件通过邮局、邮递员送到人们的手上，而电子邮件是以电子的格式(如.docx文档、.txt文档等)通过互联网为世界各地的Internet用户提供了一种极为快速、简单和经济的通信和交换信息的方法。与常规信函相比，E-mail的传递速度很快，把信息传递时间由几天到十几天减少到了几分钟，而且E-mail使用非常方便，即写即发，省去了粘贴邮票和寻找邮局的烦恼。与电话相比，E-mail的使用是非常经济的，传输几乎是免费的，而且这种服务不仅仅是一对一的服务，用户还可以向一批人发送信件。正是由于这些优点，Internet上数以亿计的用户都有自己的E-mail地址，E-mail也成为利用率最高的Internet应用。

E-mail的地址是由用户使用的网络服务器在Internet上的域名地址决定的，它的格式是：用户名@主机域名，其中，符号@左侧的字符串是用户的信箱名，右侧的是邮件服务器的主机名，例如，wt001@126.com。

在电子邮件系统中有两种服务器，一种是发信服务器，用来将电子邮件发送出去；另一种是收信服务器，用来接收来信并保存。使用的服务器为简单邮件传输协议(SMTP)服务器和邮局协议(Post Office Protocol，POP)服务器。SMTP服务器是邮件发送服务器，采用SMTP协议传递，POP服务器是邮件接收服务器，即从邮件服务器到个人计算机。POP3(第3版)协议传递，允许用户通过电子邮件客户端从邮件服务器上下载电子邮件。若用户数量较少，则SMTP服务器和POP服务器可由同一台计算机担任。

申请电子邮箱时，用户首先要向ISP提出申请，由ISP在邮件服务器上为用户开辟一块磁盘空间，作为分配给该用户的邮箱，并给邮箱取名，所有发向该用户的邮件都存储在此邮箱中。

三、文件传送协议

文件传送协议(FTP)的主要作用就是让用户连接上一个远程计算机(这些计算机上运行着FTP服务器程序)查看远程计算机有哪些文件，然后把文件从远程计算机复制到本地计算机，或把本地计算机的文件传送到远程计算机。

在FTP的使用当中，用户经常遇到两个概念："下载"(Download)和"上传"(Upload)。

“下载”文件就是从远程主机复制文件至自己的计算机，“上传”文件就是将文件从自己的计算机中复制至远程主机。用 Internet 语言来说，用户可通过客户机程序向（从）远程主机上传（下载）文件。

使用 FTP 时必须先登录，在远程主机上获得相应的权限以后，方可上传或下载文件。也就是说，要想与哪一台计算机传送文件，就必须具有哪一台计算机的适当授权。换言之，除非有用户 ID 和口令，否则便无法传送文件。这种情况违背了 Internet 的开放性，Internet 上的 FTP 主机成千上万，不可能要求每个用户在每一台主机上都拥有账号。匿名 FTP 就是为解决这个问题而产生的。匿名 FTP 是一种机制，用户可通过它连接到远程主机上，并在其中下载文件，而无须成为其注册用户。系统管理员建立了一个特殊的用户 ID，名为 Anonymous，Internet 上的任何人在任何地方都可使用该用户 ID。

在 IE 浏览器的地址栏内直接输入 FTP 服务器的地址。例如，在资源管理器的地址栏中输入 ftp://speedtest.tele2.net/（公共测试 ftp）。在该窗口中，显示方式及操作方法与 Windows 的资源管理器类似。如果要下载某一个文件夹或文件，首先右击该文件夹或文件，在弹出的快捷菜单中选择“复制到文件夹”命令，弹出对话框，然后在该对话框中选择要保存的文件或文件夹的磁盘位置，单击“确定”按钮即可。

当然，除了使用 IE 浏览器登录 FTP 服务器外，也可以使用 Windows 操作系统自带的 FTP 命令完成文件的下载与上传，但需掌握 FTP 命令的用法，所以对于普通用户来说用得较少。

现在出现了 FTP 工具软件，如常见的 CuteFTP、FlashFXP、SmartFTP 和 FTPBroker 等，这些工具软件操作简单、实用，使得 Internet 上的 FTP 服务更方便、快捷。

参考文献

[1] 杨毅，刘立君，张春芳，等. 计算机基础与应用实践教程[M]. 北京：中国水利水电出版社，2021.

[2] 金艳，谭倩芳. 计算机应用基础[M]. 北京：中国医药科技出版社，2020.

[3] 罗桂琼. 计算机思维与大学计算机课程改革[M]. 北京：中国纺织出版社，2016.

[4] 安海宁，齐耀龙. 大学计算机实验教程[M]. 2 版. 北京：高等教育出版社，2020.

[5] 高永强. 计算机软件课程设计与教学研究[M]. 北京：北京工业大学出版社，2020.

[6] 宋勇. 计算机基础教育课程改革与教学优化[M]. 北京：北京理工大学出版社，2019.

[7] 金龙海. C 语言程序设计[M]. 北京：中国铁道出版社有限公司，2019.

[8] 陆军. 大学计算机基础与计算思维[M]. 北京：中国铁道出版社有限公司，2019.

[9] 宋华珠. 多维计算机导论课程教学的研究与实证[M]. 北京：科学出版社，2019.

[10] 李莹，吕亚娟，杨春哲. 大学计算机教育教学课程信息化研究[M]. 长春：东北师范大学出版社，2019.

[11] 柏世兵，赵友贵. C 语言程序设计[M]. 大连：大连理工大学出版社，2019.

[12] 王志文，陈妍，夏秦，等. 计算机网络原理[M]. 2 版. 北京：机械工业出版社，2019.

[13] 郭达伟，张胜兵，张隽. 计算机网络[M]. 西安：西北大学出版社，2019.

[14] 周荷琴，冯焕清. 微型计算机原理与接口技术[M]. 6 版. 合肥：中国科学技术大学出版社，2019.

[15] 温江，雷婷，宋晓楠. 计算机基础课程信息化教学研究[M]. 西安：西安交通大学出版社，2018.

[16] 唐培和，刘浩. 校企深度合作　培养卓越人才：应用型本科计算机专业教学改革与实践[M]. 重庆：重庆大学出版社，2012.

[17] 张洪明. 大学计算机基础[M]. 昆明：云南大学出版社，2005.

[18] 邱文严. 高校计算机基础课程设计与实践研究[M]. 昆明：云南科技出版社，2018.

[19] 教育部高等学校大学计算机课程教学指导委员会. 大学计算机基础课程教学基本要求[M]. 北京：高等教育出版社，2015.

[20] 胡威. 大学计算机专业教学研究与课程建设[M]. 北京：科学出版社，2019.

[21] 林梅. 校企合作与人才培养[M]. 长春：吉林人民出版社，2019.

[22] 易露霞. 应用型民办高校校企合作探索与实践[M]. 北京：北京理工大学出版社，2020.

[23] 储朝晖. 以人为本的教育转型[M]. 杭州：浙江大学出版社，2016.

[24] 祝胜林. 计算机文化基础实训教程[M]. 广州：华南理工大学出版社，2014.